范溢娉 李 洲◎著

生态文明启示录
危机中的嬗变

SHENGTAI WENMING QISHILU
WEIJIZHONG DE SHANBIAN

中国环境出版社·北京

图书在版编目（CIP）数据

生态文明启示录／范溢娉主编．－－北京：中国环境出版社，2016.9

ISBN 978-7-5111-2894-2

Ⅰ．①生… Ⅱ．①范… Ⅲ．①生态文明－建设－研究－中国 Ⅳ．① X321.2

中国版本图书馆 CIP 数据核字（2016）第 190478 号

出 版 人	王新程
策　　划	刘亚庚　谭子峰
责任编辑	陶克菲
责任校对	尹　芳
装帧设计	彭　杉

出版发行 中国环境出版社

（100062　北京市东城区广渠门内大街 16 号）
　　网　　址：http://www.cesp.com.cn
　　电子邮箱：bjgl@cesp.com.cn
　　联系电话：010-67112765（编辑管理部）
　　　　　　　010-67110245（建筑分社）
　　发行热线：010-67125803，010-67113405（传真）

印　　刷	北京中科印刷有限公司
经　　销	各地新华书店
版　　次	2016 年 8 月第 1 版
印　　次	2016 年 8 月第 1 次印刷
开　　本	787×960　1/16
印　　张	19.75
字　　数	225 千字
定　　价	49.80 元

【版权所有。未经许可，请勿翻印、转载，违者必究。】
如有缺页、破损、倒装等印装质量问题，请寄回本社更换

编委会

主　编： 范溢娉

副主编： 刘亚庚　谭子峰　李　洲

参　编： 王龙胜　兰必掀　陈　群　陈　亮

　　　　　孟　伟　奉海峰　覃家福　武军芳

　　　　　徐迪克　曾庆杰

序言

  人类的历史性转向大多时候是在我们不察觉间发生的。比如我们正在走进的生态文明新时代。我们从哪里来？如何一步步走到今天？又将置身何处？这是本书试图为您解答的几个问题。

  《生态文明启示录》由同名电视纪录片脚本改编，共分为《历史的回望》、《人类的家园》、《增长的极限》、《路径的选择》四部分，四个篇章既独立成章又有层层递进的联系。全书围绕什么是生态文明、为什么要建设生态文明、怎样建设生态文明的主线，深刻剖析了当今全球性生态危机产生的根源，揭示了走生态文明之路是历史的必然选择，并探讨了生态文明在我国的实现路径。主线之下，从生态学范畴揭示了全球性生态危机产生的根源：人类赖以生存的地球家园为人类提供了资源、环境、生态三个服务功能，三者一荣俱荣，一荣俱损；人类消耗了过多的资源，必然排出的废弃物就多，废弃物多了必然造成环境的污染，环境污染反过来又使得人类可以利用的有效资源相应减少，资源减少和消失的同时其环境功能、生态功能也随之减少和消失。今天全球性生态危机的根源在资源，解决途径也在资源，节约资源是解除生态危机的根本之策，途径就是绿色发展、循环发展、低碳发展。这构成了本书的又一条内在逻辑主线。

作者力求用通俗易懂的语言来阐述生态文明的理论与观点，希望能有助于普及生态文明建设。由于水平有限，疏漏与不妥之处在所难免，敬请专家和读者批评指正。

《生态文明启示录》摄制组

2016 年 5 月

目录

第一篇　历史的回望 /1
  人类文明的转型与演进 /6
  为什么生态危机"毒瘤"靠工业文明自身无法去除 /28
  环境非正义：环境有问题，但问题不是环境 /36
  自然之子 or 自然主宰 /40
  生态文明的诞生 /51
  中国的独特机会——直接进入生态文明 /57
  中国传统文化中的生态智慧 /63

第二篇　人类的家园 /71
  谁创造了地球 /74
  地球生命的诞生 /78
  宇宙的奇迹——地球 /84
  生物圈有"天网" /88

自然界有智慧 /93
环环相扣的生态系统 /99
生物圈的几大主角 /106
生态系统价值几何 /128
那些消失的文明和生态灾难 /133

第三篇　增长的极限 /143

全球生态危机的生成 /146
中国的"增长极限" /157
土壤之殇 /165
感染的"血脉" /170
为什么先污染后治理的路我们走不了 /175
放开二胎考验中国资源 /179
污染转移面面观 /191
资源战争 /196
气候变化终非谎言 /201

第四篇　路径的选择 /209
　　生态文明路径：绿色发展、循环发展、低碳发展 /213
　　生态文明呼唤绿色 GDP/233
　　让法制长出铁齿钢牙 /250
　　用好科学技术这把"双刃剑"/271
　　能源转型进行时 /276
　　请"低配"你的生活 /289
　　共同的责任 /294
　　水不知道边界 /299

　　参考文献 /305

第一篇 历史的回望

主题： 人类文明的转型
启示： 建设生态文明是顺应历史潮流的选择

  一部人类史，就是不断以先进代替落后的社会变革的发展史。从崇拜自然的原始文明，到依赖自然的农业文明，再到征服自然的工业文明，直到今天步入的尊重自然的生态文明，人类走过的是一条艰难曲折的探索之路。工业文明创造的财富超过了以往所有时代的总和，但它带来的全球性生态危机这个"毒瘤"已到了依靠自身无法去除的地步。人类反思工业文明的沉痛教训，生态文明应运而生。

2012年11月8日，中国共产党第十八次全国代表大会召开。全世界的目光汇聚在此，关注着中国的创想。"走向生态文明新时代"、"建设美丽中国"的重大战略布局首次出现在了党代会的报告中。把生态文明上升到国家意志和治国方略的高度，这对于一个政党和一个国家来说，在全球是比较罕见的。

从工业文明走向生态文明，这是中国发出的响亮号角，也是全世界顺应历史潮流的共同选择。

文明的选择，充满了艰难，人类一路走来步履蹒跚。

一百多万年前一次意外的摩擦生火，让我们的祖先原始人类第一次掌握和支配了一种自然力，并从此脱离茹毛饮血的动物界，走上了文明之路。

日月经天，江河行地。历经95000年的原始文明、4700年的农业文明和300年的工业文明，今天，人类又一次站在了一个文明过渡和转换的历史节点上，那就是——走向生态文明。

文明，按照我们通行的说法，就是"物质文化、制度文化和精神文化的总和"。文明的实质是指人类社会进步和开化的程度，它是与野蛮、无知和蒙昧相对立的。更通俗一点可以理解为，文明只专属于人类，自然界本身没有，而由人类创造出来的一切东西都可以总括为文明。因此，文明即"人为"，我们生活在文明中，即是生活在"人为"世界中。我们离"天然"有多远，我们的文明就有多厚。

在西方语系中，文明"civilization"一词源自拉丁文"civis"，意思是"城邦居民"，本意是不同于野蛮人和原始人，并开始定居下来的人，引申后意为一种先进的社会和文化发展状态。"文明"一词最早出现于我国《易经》，"见龙在田，天下文明"。这里的天为社会显达，田为平民乡野，意思是说，有德识的人，不孤芳自赏，而是深入社会基层，与群众结合起来，发挥自己的影响力，推动整个社会（天下）的进步。唐代学者孔颖达在注疏《尚书》时，将文明解释为："经天纬地曰文，照临四方曰明。""经天纬地"意为依法天地，改造自然；"照临四方"意为人类智慧，光照寰宇。前者说的是物质文明，后者说的是精神文明。由此可见，文明是人类改造世界的物质成果和精神成果的总和，是人类社会进步的标志。

从敬畏自然的原始文明，到依赖自然的农业文明，再到征服自然的工业文明，直到今天正在步入的尊重自然的生态文明，可以说，一部人类文明史，就是人与自然的关系史。

人类进化过程大概经历了上百万年。刚刚从动物界脱离出来的原始人类，还处在蒙昧和野蛮的状态。对这一时期能否称为文明时期，人们看法不一，比如，德国思想家恩格斯和美国生物学家摩尔根并不认为原始社会是原始的文明社会，只有在进入农业社会之后，人类文明的时代才真正到来。但同时有不少史学家、思想家认为，原始社会毕竟不同于动物世界，当原始人萌发了自我意识并制造出了第一把石刀之后，就意味着产生了属于人的文化和文明。因此，在这个意义上，完全可以把原始社会称为"原始文明"。本书采纳此种观点。另外，目前我国理论界对"生态文明"有两种解读，一种认为生态文明与物质文明、精神文明和政治文明一起组成现代人类文明；另一种认为生态文明是继原始文明、农业文明、工业文明之后的又一种新的文明形态。前一种观点可以称为"组成说"，后一种观点可以称为"阶段论"。本书采纳"阶段论"，支持生态文明是人类发展史上新的文明形态的观点。

人类文明的转型与演进

一、从原始文明到农业文明

栖息在自然界的原始人,最初生存在热带和亚热带的森林里,并且有一部分还住在树上,以躲避大型猛兽的袭击。他们以采集果实和捕鱼狩猎为生(所以,我们也称原始文明为渔猎文明)。

我们的这些先祖,起初与他们周围的动物没有区别,觅食、挖穴、追猎、逃跑,获取食物后,用手和牙齿撕开皮毛和筋肉。此时的原始人就是自然界天然食物链中的一员,有饥饿和死亡,也有生存与成长。自然界的风雪雷电、日月星辰都让他们无比惊异、无从理解,他们相信,大自然就是主宰一切的神。这种对自然的敬畏崇拜,是人类最早出现的自发的生态思想。

但人毕竟是高级灵长类动物,他们智力的发展远远超过动物界其他动物,逐渐地,他们便知道用捡来的木棍和石块猎取动物,而且在捕获猎物后,不光用手和牙齿,还学会了用带锐边的石块来切割。后来,他们又逐渐发现,一些石头比如砾石,在石块上摔破时,可以产生带锐边的石块,于是他们慢慢地懂得了用石头来打击另一块石头,使其产生锐利的边缘。这就是史学家们所说的制造石器。石器时代是指人们用石材制造工具和器具的时代,这是一个非常漫长的时期，它的起止时限，含混不清、争论不休，而且因地域而异。一般认为石器时代开始于 300 万年前。我们把石器时代根据发展程度又分为旧石器时代和新石器时代。

起初的石制工具简单而粗陋，但在求生存的过程中原始人类制作石器的技能不断改进，所以说劳动是创造文化的原动力。

地球上的冰期突然来临，原始人在冰天雪地中无处觅食，常为饥饿所迫，不得不剥下兽皮，权当衣服来御寒；寻觅洞穴，找栖息之地；钻木取火，可以吃到熟食也可驱逐野兽。人类经过数次冰期的淘汰，智力和能力呈几何级增长。古生物地质学的研究证明：在地球曾发生的至少四次大规模的冰期中，位于第四纪最后一次的冰河期大约有万年之久。而我们今天所说的原始社会的旧石器时代就贯穿于这一冰川形成与消融的始终。但是为什么当时生产力极其落后低下的人类群体，不但没有像一些物种那样，在这样恶劣的自然条件下灭绝，而且还不断地繁衍发展，并逐渐蔓延到世界各地取得生物圈统治权的呢？我们认为人类这一生存能力的强化，并不仅仅是学会简单制作和利用工具，最重要的是掌握了利用和控制火的技能。发现了摩擦生火后，原始人扩展了食物的来源，这样可以更充分有效地吸收食物的养分，促进大脑和身体的发育；改变了那种风餐露宿、茹毛饮血的自然生存方式，开始了以篝火为中心的洞穴群居生活（实际上火的热效应也只有在相对封闭的空间中才能起到显著的作用），不再像动物一样利用毛发或冬眠来抵御寒冷和熬过严冬；更重要的是，火给原始人带来了迁徙的自由，从此原始人群可以生存于不同的气候中，有了火，原始人类才开始沿着河流和海岸从热带和亚热带散布到全球，在不同的地区独立发展出自己的文明。

因此，恩格斯说：摩擦生火使人类第一次支配了一种自然力，从而最终把人和动物分开。

在旧石器时代，原始人制作的是没有磨制的、粗糙的石器。冰期结束进入新石器时代后，我们的祖先已经相当熟练地掌握了选择石料—打制—加水和沙子磨光这一套磨制石器的方法。其后学会制造和使用的工具也越来越多，有木制的容器和用具、用树枝或芦苇编成的篮子、用石斧制造的独木舟等，这些发明使渔猎的效率大为提高。原始战争的出现，使得此时期的石兵器也得到了发展，除了石箭外，还有矛、盾、镖枪、斧钺、刀、盔甲等。此外，在新石器时代人类学会了制造陶器，这与以前的用具不同，它是经久耐用的，还可储藏食物。陶器最开始是吃饭所需要的器皿，机缘凑巧，原始人发现被火烧过的泥土坚硬不漏水，后来就有意识地去制作。比如，盛食物的簋等各种器具。

原始人制作石器；
经过磨制的石器

在我国仰韶文化遗址发掘的陶器

由于工具的进步，人们捕获的野生动物越来越多，一时吃不了的，就圈养起来。人们还掌握了野生植物的生长规律，并将野生植物的种子人工栽种。这样，就出现了原始的农业和畜牧业。耕种必然要求人们定时、定点生活，因此人们不再随意流动，随之建起房子并定居了下来。

人类是如何从初期的渔猎进化到农耕的，也可通过我国的古代传说去看看，传说中的主角都是教会人们各种生产技术的神话英雄：古代中原，人们在一个叫"伏羲氏"的人的带领下学会了结绳、捕鱼，利用制造的弓箭射杀走兽，并且开始了饲养；"神农氏"教会人们种五谷，制耒耜；黄帝的玄孙后稷，最早教会人们种稷和麦，被尊为"稷王"；治理了黄河水患，创立了夏朝的大禹，他通过挖沟排水，增加了沟渠与河道的数量，让泛滥的河水流向大海，开辟出曾经被水淹没的土地。

总之，生产工具的改进，使得人类从采集、渔猎为生逐渐转变为靠种植五谷、养殖家畜来维系生活，农业文明就此出现了。人类通过自己的劳动，生产自己所需要的产品，而不是简单地获取自然界现成的产物。这就是农业生产活动与原始人类活动的不同之处。

美国安东尼·N．皮纳（Anthony N.Penna）在《人类的足迹》

一书中写道:"在距今1000～8000年前,世界上的很多地区都独立发明了农业。从渔猎采集到农耕,这些早期耕作者所付出的代价不可低估。数千年来,农业都要求劳作者及其牲畜的劳动密集型投入,这些早期智人身材变矮、寿命缩短,表明了他们凄凉的生存状况。"

随着农业和手工业的发展,光靠石器已无法满足。比如犁地,稍微坚硬点的土地就难以挖掘、翻转。此外,战争的需要也强烈要求比石器更锐利、杀伤力更强的兵器。古代人在长久的劳动实践中,在铜矿富有的地区发现了天然的铜,这种铜杂质较少,呈现出金属铜的本来红色,称之为红铜,红铜质软,易于造成各种工具、用具和兵器。

青铜最早出现在富含铜锡或铜铅等的混合矿地区,比如今天土耳其的安拉托里亚(Anatolia)地区。当时的工匠将这样的矿石煅烧,冶炼出了铜锡或铜铅合金。铜锡合金的颜色青灰,故名青铜。青铜的熔点在700～900℃之间,比纯铜的1083℃低,但具有良好的铸造性,硬度和强度高出纯铜不少,还有较好的化学稳定性。因此,青铜铸造技术的发明成了人类物质文明发展史上的又一个重要里程碑,给社会变革和进步带来了巨大动力。1975年甘肃东乡林家马家窑文化遗址(约公元前3000年)出土一件青铜刀,这是目前我国发现的最早的青铜器。综合其他考古资料,可以认为人类大约从公元前3300年迈入青铜器时代。

我国出现青铜器在原始社会末期,夏朝时期青铜器的规模逐渐扩大,到了商朝,青铜制造达到了鼎盛时期。

地球上铜矿资源较少,铜产量不高,广泛使用受到限制,加之铜材料虽然易于加工,但强度和硬度较差。人类找到了比铜更好的金属材料——铁。人类接触和认识铁材料,是来自天外的天然陨铁。

铁矿石在地球上许多地区都富有,冶铁技术在这些地方先后涌现出来。2000多年前,铁器逐渐取代了青铜器。地球上的铁矿资源相当丰富,而且铁器坚硬、韧性高、锋利,远胜过石器和青铜器。正如恩格斯所说:"铁使更大面积的农田耕作,开垦广阔的森林地区成为可能;它给手工业工人提供了一种其坚固和锐利非石头或当时所知道的其他金属所能抵挡的工具。"有了铁制工具后,人类就开始掌握了在一定程度上能够支配自然界的武器。人类大规模开垦土地,通过种植更多粮食和驯养更多牲畜来解决自己生活、生产所需要的物质资料。

我国的青铜器制作精美,在世界青铜器中享有极高的声誉和艺术价值,代表着中国3000多年青铜发展的高超技术与文化

在铁器的锻打声中，人类开启了农业文明的辉煌。

农业文明在人类发展史上具有十分重要的意义。首先，它从根本上改变了人类的经济活动方式，人类从食物的采集者变成了生产者。人与自然的关系由过去单纯依赖和绝对服从转变为能动地控制和驾驭自然界。其次，农业和畜牧业的发展也从根本上改变了人类的基本生活方式。在采集和渔猎时代，人类居无定所，处在不断地迁徙过程中。但农业生产是周期性的活动，它必然要求人们定居一地，以便定期播种、管理、收获。于是，人类就从旧石器时代的迁徙生活逐渐转变为定居生活。最后，农业革命也为以后的社会分工准备了物质基础。在渔猎时期，人类获得的生活资料十分有限，也无法长期储藏。农业和畜牧业则可以通过不断扩大规模来帮助人们获得更多的生活资料，而且利于储存。于是，超过维持人类自身生存的剩余劳动产品出现了，这就使人口数量得到了较大的增长。正是在这样的物质基础上，农业和畜牧业、农业和手工业、农业和商业，乃至体力劳动和脑力劳动的分工发生了。这些变革大大促进了社会的发展。

中国历时六七千年的农业社会，是全人类农业文明的典范。比如，中国农民发明的垄耕种植，被认为是对世界农业最大的贡献，甚至比四大发明对世界的贡献还要大。垄耕种植，就是将庄稼成排种植在陇上。原因很简单，因为这是唯一能保证高产的种植方法。

我们的祖先在公元前六世纪就知道了这种种植法，而欧洲农民到 17 世纪才明白这个道理，在此之前他们都是直接将种子均匀地撒在土地上。在农具的制造和牲畜的使用上，中国人也明显领先于欧洲人。中国历史上最著名大型水利工程都江堰，是战国时期李冰父子所修建，其设计和工程技术水平，不仅在当时的世界首屈一指，而且在接下来的上千年里，世界其他地区的水利工程无出其右。

垄耕种植法

以中国为代表的农业文明为人类留下了丰富的历史遗产，至今还在源源不断地给我们以馈赠和滋养。即便在我们已进入后工业时代的今天，农业文明也并没有从历史中消失，而是以现代的方式继续存在着。由此可见，无论人类文明发展到何种程度，作为为人们提供基本生活资料的农业和畜牧业，其基础地位也不会被取代。

与原始文明时期的"天人混沌"不同，农业文明时代产生了较为具体和明晰的生态思想。无论农业还是畜牧业都有一个特点，就是"靠天吃饭"，离开一定的环境条件，农牧业无法进行，人类的生产活动与自然环境之间存在着相互依存的关系，甚至可以说，农业生产本质上就是建立在自然条件之上的环境依赖型经济。这种直接和直观的经验感受使农业社会的人们自然而然产生了朴素的生态观念，并得出了一些有价值的生态思想。如"天人合一"、"万物一体"

的天道观，"仁民"、"爱物"的伦理观，"万物各得其和以生"的和谐观，都是农业社会朴素生态思想的体现。

但任何事物都有多面性，与朴素生态思想同时存在的，是农业文明时期人类对大自然的伤害，这个问题也是不可忽视和低估的。

在农业文明时期，土地是最基本的资源，当赖以生存的土地难以养活越来越多的人口时，人类唯有直接向大自然"开战"：刀耕火种，毁林开荒，围湖造田，用"土里刨食"的办法向大自然索取。这种办法中国农民沿用了几千年，一些地区为开荒种粮，将森林和草木砍伐，导致有些地区变成沙漠，有些地区水土大量流失变成不毛之地，而气候变得干旱和恶劣则是共同的现象。随着人类生态文明意识的提高，如今这类直接破坏资源环境的现象已大大减少，但是在边远山区及经济落后的贫困地区还时有发生。不计后果地开荒种田，以林木和牧草作为燃料直接燃烧，都使大地植被遭到破坏。实践证明，毁林开荒、围湖造田，这种做法虽然能够获得短期的效益，但长期如此必然会造成局部地区的水土流失、旱涝频繁、气候变异等生态灾难。我国历史上中原地区曾经人口稠密，人们依靠"靠山吃山，靠水吃水"的生存方式，砍树毁林，导致有史以来古黄河频频泛滥，中原大地遭遇了无数次的劫难。

农业文明时期，为了占有土地和其他资源，世界范围内无休止的战争频起，更造成许多区域的生态环境逐渐恶化，一些古文明从此衰落直至灭亡。古埃及、古巴比伦、古印度这三个与中国并称为"世界文明发源地"的文明古国，也先后在地球上消失。

据美国学者弗·卡特和汤姆·戴尔在其合著的《表土与人类文明》一书中写道，"历史上曾经存在过的20多个文明，包括尼罗河谷、美索不达米亚平原、地中海地区、希腊、北非、意大利、西欧文明，以及印度河流域文明、中华文明、玛雅文明等,其中绝大多数地区文明的衰落,皆源于所赖以生存的自然资源遭到破坏,使生命失去支撑能力"。这两位学者认为,"其他因素如气候的变迁、战争的掠夺、道德的失落、政治的腐败、经济的失调、种族的退化等,对文明的衰败有至关重要的影响,但还不至于造成一个民族或文明从根本上衰败或没落。"

正所谓,生态兴则文明兴,生态衰则文明衰。

农业文明的兴衰归根结底都与生态问题有关,当一个地域的生态环境有利于农业的发展时,农业文明最终繁荣起来。由于农业的繁荣促进了人口的迅速增长,从而使生产和生活资料的需求量大大增加,原有的农业用地已不能满足人口增长的需要,于是毁林开荒、围湖造田、乱砍滥伐,使原有的森林植被以及河湖、湿地的储水功能均遭到破坏,最终毁掉了农业赖以生存的环境,最终导致文明的衰落。这几乎成了农业文明不可逃避的一种历史宿命。中华农业文明虽然延续了数千年之久,但是近代之后也逐渐走向衰败,除了因科技的落后迟迟未能进入工业社会之外,衰败的另一个重要原因就是人口的迅速膨胀所造成的对自然生态环境的严重破坏,这也使农业自身发展的根基遭到了毁坏。

但农业文明对于自然的破坏仍然是有限的和局部性的,它只能从表土层面毁灭某一区域内农业生产赖以进行的环境条件,而不可能从整体上毁灭整个地球的生态环境;而且在农业文明时代,人们也能够通过迁徙来规避生态危害。因此,农业文明尽管会对局部地区带来生态灾难,但还不至于对大自然造成整体的毁灭性破坏,还不至于影响整个人类的生存。而工业文明的到来,才真正让人类领教了什么叫"毁灭性破坏"。

二、从工业文明到生态文明

英国从17世纪开始殖民扩张，海外市场迅速庞大，使得全球对英国商品的需求量越来越大。面对巨大的国内国际市场，英国人需要解决的问题就是如何加快纺纱和织布的速度。为了不让唾手可得的财富飞走，几乎整个英国都被动员了起来，工匠们的新发明一个接着一个，生产效率得到了极大的提高。

1733年，织布工人约翰·凯伊发明了飞梭，可以使一个工人独自完成织机上的所有工作，而不再需要帮手。30年后，木匠哈格里夫斯发明了多轴的珍妮纺织机，经过多次改良，使得英国的纺织业最先实现了机械化。

生产中大规模地使用机器，极大地提高了手工工场的生产效率，最终出现了早期的现代工厂的雏形。1782年，英国人瓦特发明了一种全新的联动式蒸汽机，古老的人力、畜力和水力被蒸汽动力所代替，这使得大规模生产成为可能。

以蒸汽机的发明为标志，人类进入了机器时代。工商业取代种植业和畜牧业，在人类的经济活动中占据了主导地位。并且，与农业生产不同，工商业经济要深入到地球内部，去获取燃料和矿产资源，生产出原来地球上没有的工业产品。

"自然力的征服，机器的采用，化学在工业和农业中的应用，轮船的行驶，铁路的通行，电报的使用，整个大陆的开垦，河川的通航，仿佛用法术从地下呼唤出来的大量人口，——过去哪一个世纪料想到在社会劳动里蕴藏有这样的生产力呢？"——马克思和恩格斯在《共产党宣言》里这样感叹。

据统计，工业革命以来的两百多年间，全球修筑了120万公里的铁路、2860万公里的公路、138万公里的油气运输管道，建造了46500座机场，生产了无数的汽车、飞机、轮船和难以计数的各类消费品。

这一时期，人类在开发和改造自然方面的成就，远远超出了过去的总和，由此带来的前所未有的物质财富和科学文化成果，是农业文明远无法比拟的。与此同时，工业文明大大推动了自然科学和社会科学的发展，把人们探索的目光从地球的表层扩展到地球的深层和外部的宇宙，在此基础上逐渐产生了近现代的自然科学和社会科学。迄今为止，自然科学已经形成了一个包括基础科学、应用科学和技术科学在内的由数千门学科组成的庞大的科学体系，它们还在以加速度的形式向前发展，并呈现出日新月异的局面。社会科学也不例外，它在借助自然科学方法论的基础上，对人及其社会现象展开了比以往更加深刻和更加宽广的研究，并且形成了一个包括哲学、文学、历史、社会学、心理学、政治学、经济学、管理学等在内的庞大体系。社会科学在帮助人们探索社会的本质和正确处理人与社会的关系方面作出了巨大贡献。

在工业文明伟大成就的另一面，是无法遏制地对大自然的疯狂掠夺。有了强大科技作工具，从地上到地下，工业文明拉开了人类大规模利用化石能源和矿产资源的序幕。在资本和利润的强烈驱使下，工业发达国家把掠夺式的生产方式发挥到了极致，不计一切地拼资源、拼消耗，机械化无处不在，高污染任意蔓延。人类的绿色家园遭到了空前浩劫。

1952年，烟雾笼罩下的伦敦

1873年12月，英国首都伦敦，发生了由煤烟引起的大气污染事件，268人在大烟雾中丧生。79年后，伦敦再次发生烟雾惨案，上万人在烟雾中丧生，10万人出现健康问题。此时的伦敦浓雾遮天，昼夜难辨，灾情最严重的伦敦东区，人们在户外看不到自己的脚，甚至有牲畜因烟雾窒息而死。

今天伦敦的泰特现代美术馆，昔日就是一座发电厂，高高的烟囱和灰褐色的外墙提醒着人们不要忘记那段历史。

20世纪40年代后半期，日本九州岛南部熊本县一个叫水俣镇的地方，出现了一群口齿不清、面部发呆、手脚变形的病人，严重的神经失常，或酣睡，或兴奋高叫。这些病人久治不愈，全身弯曲，悲惨死去。这个4万人的镇子，几年中先后有1万多人得了这种怪病。

经过调查，这是由于居民长期食用了含有汞的海产品所致。而罪魁祸首指向镇上一家肥料工厂，企业在生产过程中将含汞的工业废水排入河流，当人们食用从河里捕捞的鱼虾时，有机汞化合物就通过鱼虾进入人体，被肠胃吸收，最终侵害了他们的脑部和身体其他部分。1956年5月1日，水俣市正式确认该市出现了原因不明的疾病，命名为"水俣病"。

水俣病患者

20世纪30～60年代，世界范围内这类公害事件不断出现，史称"八大公害"。最早享受到工业化诱人成果的发达国家，也最早尝到了工业化带来的苦果。

美国东北部和加拿大东南部是西半球工业最发达的地区，每年向大气中排放二氧化硫2500多万吨。从20世纪70年代开始，这些地区降下了大面积的酸雨。纽约州阿迪龙达克山区，近一半的湖泊没有鱼类生存。

加拿大多伦多1979年平均降水酸度值pH 3.5，比番茄汁还要酸，安大略省萨德伯里周围1500多个湖泊池塘漂浮着死鱼，湖滨树木枯萎，成为了北美死湖。

巴西的库巴唐市，20世纪80年代以"死亡之谷"闻名于世。该市位于山谷之中，在20世纪60年代引进炼油、石化、炼铁等外资企业300多家，人口剧增至15万，成为圣保罗的工业卫星城。企业主只顾赚钱,随意排放废气废水,谷地浓烟弥漫、臭水横流,使2万多贫民窟居民严重受害。之后的20年间,市郊60平方公里的森林陆续枯死,大片贫民窟被摧毁。

"不要过分陶醉于我们对自然界的胜利。对于每一次这样的胜利,自然界都报复了我们。"(恩格斯:《自然辩证法》)

工业文明,带给人类的生态危机远不像农业文明那样是局部的、浅层的,而是全球性的、深度的、毁灭性的。

今天,人类的家园已是满目疮痍。

矿物能源无休止地开采和燃烧,气温逐年上升,气候变暖,冰川融化,许多地区被海水淹没。

资源枯竭,不可再生的已然不可再生,可再生的再生速度赶不上人类的消耗速度。世界银行的一份报告曾指出:在20世纪的100年间,人类大约消耗了2650亿吨石油和天然气、1420亿吨煤炭、380亿吨钢铁、7.6亿吨铝和4.8亿吨铜。如果21世纪仍然采用工业时代的生产方式和生活方式,我们须用3~4个地球的资源才能满足。

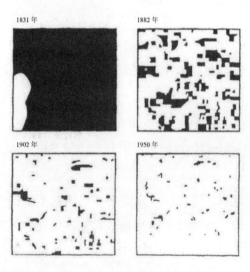

1831—1950年,美国一块90平方千米土地的变化(黑色部分为林地,白色部分为工业用地、居民用地和交通用地)

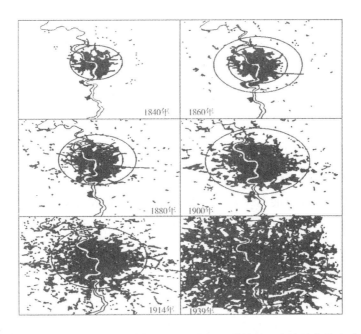

1840—1939年伦敦的城市发展轨迹（100年间，伦敦从一个小城市扩张成一个庞然大物，变化的速度是十分惊人的）

臭氧层出现空洞，紫外线无阻隔地射向地面，皮肤癌发病率骤升。

大片森林消失和退化，全球范围内，每两秒钟都有一个足球场大小的森林消失不见。

荒漠土地每年以600万公顷的速度继续扩大，目前全球已有不少于5000万人沦为生态难民。

由于失去了栖息地，地球生物的灭绝速度比历史上任何时候都快。

大气、水、土壤污染加剧，人类生命和健康受到严重威胁。据世界卫生组织报告，全球有近四分之一的疾病是由环境暴露造成的。全世界每年有1300多万人的疾病死亡可归于环境原因。

……

300年工业文明对自然的加害，已触目惊心地返还给了人类自身，人类为此付出了惨烈的代价。我们不得不重新审视人与自然的关系，不得不承认：自然是无法征服和战胜的，所有企图征服、战胜自然者，最终都在大自然的报复下被征服、被战胜。

从渔猎文明到农业文明再到工业文明，人类文明的发展历程其实就是一个反自然的过程，人类与大自然逐渐远离、分裂、对抗。中国环境伦理学的创立者、中国社科院教授余谋昌认为："史前时期的过度狩猎和采集带来的是物种资源的丧失，农业文明的发展造成的是土地和森林的破坏，工业文明的发展则造成了环境污染、生态破坏和资源短缺等全球性生态问题。"

工业文明发展到今天，地球再也没有能力支持工业文明的继续了。生态危机这个毒瘤，已经到了依靠工业文明的自身肌体没有办法去除的程度了。历史的发展潮流呼唤一个新的文明形态来保障人类社会的继续向前。

20世纪六七十年代，在对工业文明的反思中，人类的环境意识和生态文明意识开始觉醒。

1962年，美国生物学家蕾切尔·卡逊在《寂静的春天》一书中向我们讲述了：为什么在春天到来的时候，我们再也听不到鸟儿的歌声。她用触目惊心的事实阐述了大量使用杀虫剂对人类的危害，她的观点受到了生产与经济部门的猛烈抨击与诋毁，但她的坚持终于使人们意识到环境问题的严重性，并开始接受生态学的观念。

蕾切尔·卡逊：这是一个专家的时代，每一个专家都只看到自己的问题，却意识不到或者不去包容这个问题所处的大框架。这还是一个工业主导的时代，只要能挣一块钱，无论付出什么代价都是合情合理的。公众清楚地看到有证据表明杀虫剂的使用带来了危害，因而为此进行抗议时，人们就塞给他们一丁点半真半假的消息当镇定剂。我们迫切地需要中止这种虚假的保证，拒绝裹在难堪事实外部的糖衣。

——《寂静的春天》

1972年，环境保护运动的先驱组织——罗马俱乐部发表了著名的研究报告《增长的极限》，给人类社会的传统发展模式敲响了第一声警钟，提醒人们思考地球的有限性和以现有速度开发资源的不可持续性。

就在同一年，联合国人类环境会议在斯德哥尔摩召开，这是人类第一次将环境问题纳入各国政府和国际政治议程的历史性会议，标志着人类对环境问题的关注和觉醒。

1973年，联合国环境规划署成立。

20世纪中叶以来，以爱护家园、保护环境为诉求的群众性集会和示威游行在世界各地此起彼伏，导致了全球性生态运动的兴起。人们高举着受污染的地球模型和巨幅图画，高呼口号，要求政府采取措施保护环境。这些活动促使欧美政府相继出台了《清洁空气法》、《清洁水法》和《濒危动物保护法》等法规，还促成了美国环境保护署的成立。此后，"地球日"活动逐渐从美国向世界范围扩展，成为全球性的环境保护运动。

20世纪70年代，世界上有了"环境保护"这个词。

生态运动还催生了众多环保非政府组织的发展，民众的觉醒与环保运动，促使环境问题从边缘走上了备受瞩目的政治舞台。包括联合国在内的国际组织和各国政府开始关注日益严重的生态环境恶化问题，并采取了一系列应对措施。解决生态危机问题逐渐纳入国际组织和各国政府的议事日程。

1983年3月，联合国成立了以挪威首相布伦特兰夫人为主席的世界环境与发展委员会（WCED），并要求该委员会制定长期的环境对策，研究更有效的解决环境问题的途径和方法。1987年，该委员会提交了第一份研究报告——《我们共同的未来》，阐述了"可持续发展"的思想，把环境问题与人类的发展紧密地结合在一起，要求改变只重视经济增长的传统发展观念。

1992年6月，在巴西里约热内卢召开的联合国环境与发展大会，通过了《里约热内卢环境与发展宣言》（又名《地球宪章》）和《21世纪议程》两个纲领性文件，使可持续发展思想由理论变成了各国的行动纲领和行动计划，为生态文明社会的建设提供了重要的制度保障。

2002年8月，以"拯救地球、重在行动"为宗旨的联合国可持续发展首脑会议（简称"地球峰会"）在南非约翰内斯堡召开，会议再次深化了人类对可持续发展的认识，确认经济发展、社会进步与环境保护共同构成可持续发展的三大支柱。

2012年6月，联合国可持续发展大会首脑会议在巴西里约热内卢举行。峰会通过了最终成果文件——《我们憧憬的未来》。各国领导人和代表围绕"可持续发展和消除贫困背景下的绿色经济"和"促进可持续发展的机制框架"两大主题展开讨论。

2015年11月，第21届联合国气候变化大会（COP21）在巴黎开幕。逾190个国家的领导人与会讨论关于气候变化的全球协议，旨在减少全球温室气体排放，避免危险的气候变化所带来的威胁。

……

到20世纪中期，现代工业文明带来的几大生态危机问题，全部成了国际环境保护公约、行动计划应对的主题。这其中，中国是一系列国际公约的发起国和签字国。中国不但签署了1992年里约热内卢《21世纪议程》和《里约热内卢环境与发展宣言》，而且忠实履行会议承诺，率先推出《中国21世纪人口、环境与发展白皮书》。此外，中国还是国际间《气候变化框架公约》、《保护臭氧层维也纳公约》、《濒危野生动植物种国际贸易公约》、《控制危险废弃物越界转移巴塞尔公约》等签字国。

转变生产方式，走可持续发展之路，走人与自然和谐共生之路，成为21世纪人类文明发展的一个基本方向。发达国家和发达中国家都在积极改变传统经济增长方式，寻求既满足社会发展需要又保护生态环境的发展道路。生态文明的曙光，照亮了人类前行的方向。

我国作为一个发展中国家，正处在工业化的初、中期，同样面临着包括资源危机、环境危机在内的生态危机。20世纪80年代，我国一些有识之士就提出了"大力提倡生态文明建设"的主张，并对生态文明初步作出了自己的定义："所谓的生态文明，就是人类既获利于自然，又还利于自然，在改造自然的同时又保护自然，人与自然保持着和谐统一的关系"。

党的十七大，胡锦涛总书记提出了"生态文明"的建设目标，生态文明被首次写入了中国共产党的文件。

党的十八大，以习近平为总书记的新一届党的领导集体进一步提出了生态文明的理念、原则、目标和实现路径，并将之确立为社会主义中国的国家意志和治国方略。

从"两位一体"到经济建设、政治建设、文化建设、社会建设、生态文明建设的"五位一体"，中国特色社会主义建设理论的丰富和发展，充分表明我们党对建设生态良好环境、应对资源环境的新约束、满足人民对生态环境质量的新期待的信心和决心。

生态文明是旨在实现人与自然和谐相处，人口、经济、社会与资源、环境、生态协调可持续发展的一种新的文明形态。我们将以原始渔猎、采集业为主导产业的文明划分为渔猎文明，将以农业为主导产业的文明划分为农业文明，将以工业为主导产业的文明划分为工业文明，那么，人类即将迈入的生态文明必然是以生态产业或生态导向型产业为主导产业的文明。

今天，推进生态文明，建设美丽中国正在中国大地上蓬勃兴起。生态文明这一理念一经与现实结合，就显示出了强大的生命力，"既要金山银山，更要绿水青山"的社会发展理念在逐步提升。

中国是个拥有13亿人口和960万平方公里陆地面积、299.7万平方公里海洋面积的发展中大国，我们自觉进行生态文明建设，从源头上扭转生态危机，为人民创造天蓝、地绿、水净的生活空间，无疑是为缓解全球生态危机作出的重大贡献。

跨入生态文明时代，走绿色发展之路，我们还有时间做出改变，我们还来得及自救。

人类不同历史阶段的文明形态和特点

	原始文明	农业文明	工业文明	生态文明
时间尺度	1万年以前	1万年至今	1800年至今	最近30年
空间尺度	个体或部落	流域或国家	国家或洲际	全球
推进动力	主要靠本能	主要靠体能物质获取为主	主要靠技能能量获取为主	主要靠智能信息获取为主
对自然态度	自然拜物主义	自然优势主义（靠天吃饭）	人文优势主义（人定胜天）	天人协同进化（天人和谐）
经济水平	融入天然食物链	自给水平（衣食）	富裕水平（效率）	优化水平（平衡）
经济特征	采集渔猎	简单再生产	复杂再生产	平衡再生产（理性、和谐、循环、再生、简约）
系统识别	点状结构	线状结构	面状结构	网络结构
消费标志	满足个体延续需要	维持低水平的生存需求	维持高水平的透支需求	全面发展的可循环再生需求
生产模式	从手到口	简单技术与工具	复杂技术与体系	绿色技术与体系
能源输入	人的肌肉	人、畜及简单自然动力	化石能源	绿色能源
环境响应	无污染	缓慢退化	全球性环境压力	资源节约、环境友好、生态平衡
社会形态	组织度低	等级明显	分工明显	公平正义、共建共享

为什么生态危机"毒瘤"靠工业文明自身无法去除

如前所述,在近代以前漫长的历史阶段,生态问题也有,但基本上是地方性而非全球性,全球性的生态问题则是近代以后开始产生的。20世纪50年代以来,发达国家陆续完成工业化,一批政治上取得独立的发展中国家也先后步入工业化进程,我国也从长期战乱的传统农业国成为后起工业国。这些都使得人类向自然索取资源的深度和广度前所未有地提高,加上全球联系的建立和世界市场的形成,生态危机逐渐蔓延到了全球,威胁到了全人类的生存和发展,任何一个国家、任何一个个人都难以置身其外。正如德国学者乌尔里希·贝克不无揶揄所说的:"贫困是等级制的,化学烟雾是民主的。"而且这个不请自来的"民主"长驻半个多世纪了依然没有消散的迹象。尽管国际社会和各个国家、地区的政府采取了种种措施,但现实情况却完全不理会人们的努力,生态危机仍在深化与全球化。究其原因,根源还在于工业文明自身的内在矛盾。

首先,工业文明所赖以生存和发展的资源是不可再生的。这不同于农业文明时期,农业文明所使用的生产和生活资料基本上属于可再生能源,无论是供生活消费的动植物资源,还是供生产消费的人力、畜力以及光、水、风等资源,其中大部分资源(除土地、金属矿产等资源外）在耗费之后都可以重新再生。而工业文明所使用的资源主要包括两大类：作为燃料的矿石能源和作为原料的矿产资源它们都是不可再生的，在地球的储存量是有限的，消耗一点就少一点。因此，对于工业时代而言，获取和失去是直接联系在一起的，获取的同时也就意味着失去。今天，世界正在迅速耗尽化石燃料，仅此一点，就可能动摇人类生存的基础。西方工业文明在300年间创造了空前的物质文明和社会财富，几乎等于传统社会的总和，但也消耗了地球上约二分之一的亿万年的自然储备。在我们所能预见的时间内，科学技术还无法把这些大自然经过亿万年地质变迁才形成的资源用人工的形式制造出来。所以，这些资源总有一天会告罄，资源告罄之时也就是以此为基础的工业文明停滞之时。

有的科学家认为，按目前的消耗速度，作为燃料的矿石能源石油和天然气最多能供人类使用40多年，大多数金属矿产资源只够人类使用50多年。也有科学家认为地球上的化石能源还足够支撑人类使用七八十年。最乐观的推测是地球上的化石能源将在一二百年后耗尽。我们可以想象一下，失去这些能源和动力，人类将面临怎样的困境：飞机是否还能在天空飞翔，轮船、火车、汽车还能否行驶？工厂里的自动化机器和设备是否会在一夜之间瘫痪下来？当一切号称为现代文明的运转体系停顿下来之后，人类将何去何从？

其次，工业文明所构建的资本主义性质的经济体系也与地球资源的日益短缺之间有着不可调和的矛盾。生态危机不仅仅是人对地球表面过度开发的"外部失败"，也是资本主义运行的一个必然结果，是资本逻辑在全球扩张的一个必然结果。

今天的工业文明和现代化是西方主导下的工业文明和现代化，整个世界处于西方的权力支配中。而资本是工业文明的逻辑核心，资本的逻辑就是以无限获取利润为动力,在最短的时间内赚最多的钱,让资本增值;而资本增值的根本途径就在于将"庞大堆积的商品"快速地消费。生产是为了追求最大利润,消费是为了扩大再生产,生产和消费不再是"够用就好",而是"越多越好"。在资本利益最大化目标的驱动下,科学发展、技术进步、市场需求乃至社会体系都在按照有利于"利润第一"的方向发展。也就是说,整个工业文明的经济体系是以实现资本增值为目的来构建人类社会的运行模式的。因此,"大量生产、大量消费、大量排放"就成为工业文明特有的现象。这就使工业文明存在一个严重的悖论:一方面,资源的枯竭、环境的污染、生态的破坏不允许它去大量生产、大量消费、大量排放;但另一方面,它的资本逻辑、它的市场行为又不断去胁迫、激励人们大量消费,不断刺激人们的物质贪欲,以确保资本增值或经济增长。例如,虽然知道汽车消费必然导致废气的大量排放和大气污染,但为拉动经济增长又鼓励人们购买汽车,空气实在太糟糕了,又不得不限行限购。

资本扩张的天性驱使它出现在任何一个有利可图的地方,世界性的经济体系决定了资本要在全球"配置资源"。今天,全球化经济几乎已将每一个国家、每一个地区、每一个民族都卷入到资本的链条中去了。"扩张或死亡",在资本逻辑下,人们奉行"弱肉强食"的生存法则,都在努力成为强者,避免成为弱者和失败者。在利润驱动下,人们很少考虑减少或舍弃利润以保护环境,否则会在市场竞争中失去优势或成为失败者。在资本增值的快速轨道上,只能永远前进,停止就意味着倒下。资本的逐利本质驱使着人们不顾一切去消耗地球资源,而且不惜破坏环境。美国拒绝履行《京都议定书》就是一个典型的例子。《京都议定书》是人类有史以来通过控制自身行动应对气候变化的第一个国际文书。1997年12月，公约缔约方在日本京都就发达国家减少温室气体排放达成协议。这一具有法律效力的文件规定，39个工业化国家在2008—2012年，将温室气体排放量在1990年基础上减少5.2%，其中欧盟国家减排指标为8%，美国为7%，日本减少6%。根据联合国的计划，《京都议定书》最迟应在2002年开始实施。然而，2001年，美国总统布什在第一任期就宣布美国退出《京都议定书》，理由是议定书不符合美国的国家利益，给美国经济发展带来过重负担。作为世界最大的能源消费国的美国都不承担减排责任，对气候变化这一重大问题无动于衷，其他国家纷纷效仿，《京都议定书》失效。温室气体的大量排放主要是由消耗矿物燃料的汽车行业等大型企业带来的，如果履行《京都议定书》，美国发达的石油和汽车工业将付出代价。事实是，对美国而言，只要不触动美国利益，不改变资本积累规则，我可以陪你玩，要动我利益，那么恕不奉陪。发达国家不仅不想承担减排责任，还在减排技术上进行封锁。"碳捕获和储存"（CCS）是一项减排新技术，即把煤炭燃烧后的产生物捕获起来，然后液化，输送到地层中埋起来，不参加大气循环，大气中的二氧化碳就不会增加。但目前美国等掌握这项技术的西方国家却不肯通过国际合作渠道低价转让，而是计划将其商业化，以赚取更大的利润。

所以说，发达国家取得的环保领先，也只是在当地有意义，丝毫改变不了全球性的资源过度开发和环境污染的总趋势，因为追逐利润是全球化资本的最大使命，它们会尽可能地不支付环境成本。

综观全球，人类中心主义导致人对自然的无节制消耗，利益最大化导致人与自然的关系走向恶化，过度消费加剧着生态危机。这种种矛盾在资本扩张和市场行为的共同推动下陷入恶性循环，愈演愈烈。明知不可为而为之，这种状况对拥有高智慧的人类来说是十分可悲的。

有人认为，只要有了发达的科学，有了清洁能源、清洁生产的技术，就可以没有后顾之忧地"大量生产、大量消费、大量排放"了。但这是违背科学规律的天真想法，是新版的"科技万能论"。科学技术是现代工业文明的基石，人类运用不断发展的科学技术利用自然、改造自然，创造了巨大的物质财富，但科学技术是一把"双刃剑"，同时存在正效应和负效应。这就像我们如今广泛使用的人造肥料、农药、塑料大棚，这些都是应用到农业生产中的科技成果，但它们在为我们增加产量的同时，也带来了严重的土壤污染和环境污染。现实情况往往是，我们用A技术来解决我们现在所遇到的B问题，但是我们发现C问题是科学家为了解决B问题所导致的结果。科学技术是推动人类文明进步最有力的工具，但它并不能解决所有问题。

生态危机是因工业文明的运行体系而产生的，在工业文明的整体框架内解决生态环境问题是不可能的。我们需要构建的是与工业文明不同的社会发展理念和经济增长方式，不再强调对物质世界的控制，也不再以GDP来衡量经济增长。

也有学者认为，人类文明未来的发展方向是一个全新的"信息社会"或称"知识经济社会"。奈斯比特的《大趋势》、托夫勒的《第三次浪潮》、贝尔的《后工业社会》中都表达了这样一种新的文明形态：这种文明形态，即大多数人都将从事信息和知识方面的工作，而从事第一产业农业和第二产业制造业的人数将越来越少。他们认为，这将大大减少对地球环境的污染和破坏。因此，在他们看来，信息和知识型经济是一种无污染的经济，因而是一种可持续的经济。这种观点是大可商榷的。无论是信息经济还是知识经济，都是作为虚拟经济而存在的,离开了实体经济之皮,所谓的信息和知识经济毛将焉附?信息社会和知识经济社会尽管有其存在的合理性,但它们都不是人类文明未来发展的方向。

再次,工业文明经济体系的逐利本质导致人类精神虚无,伦理道德缺失,这也加剧着生态危机"毒瘤"的恶化。

正如环保部前副部长潘岳在一次讲话中所说的:西方环境思潮兴起40年,有一个普遍规律,即先开始都把环境当作是一个技术问题,大家都在研究用什么样的技术来治理污染。后来发现再好的环保技术也挡不住"两高一资"(高耗能、高污染和资源性)产业的继续发展,这就上升为一个经济问题,就开始设计各种鼓励环保惩罚污染的经济政策。后来又发现牵扯到全社会各个群体利益甚至牵扯各国之间不可调和的冲突和矛盾时,环境问题于是就上升成为政治问题。近几年,尤其是当气候变化问题成为国际政治主流时,全世界相当一批政治家已清醒地认识到环境问题最终是一个文化伦理问题。2007年戈尔获得诺贝尔和平奖时说了一句话:"环境不是政治问题,而是一个道德问题"。他这句话有代表性。

在一切皆商品的市场机制下,享乐主义、过度消费占据了人们的思想,追逐利益主导着人们的行为,人的最基本伦理道德被冲刷得荡然无存。为了利益最大化,一些企业可以关停排污设备只当"摆设",可以放弃良知和社会责任肆意排污;为了降低成本赚取钱财,部分商家完全丢掉了做人的基本伦理道德,在面粉中加滑石粉,牛奶中加三聚氰胺,食品中加过量防腐剂,肉类中加致癌的亚硝酸盐,餐盒中加化工废料等,人性丑恶的一面在利润面前暴露无遗。动物凶猛,但狗不吃狗,虎不食虎,动物从不伤害同类,自然界中大概只有我们人类会敌视同类、毒害同类。"专家没有灵魂,纵欲者没有心肝"。(德国政治经济学家马克斯·韦伯(M.Weber)《新教伦理与资本主义精神》)本该造福人类的一部分科技工作者也加入了一心逐利的行列,与某些大公司和某些政府部门"强强联合",在"发展经济"的旗号下干着污染环境、掠夺资源、破坏生态的勾当,把手中"科技"这把利器变成了图财害命的工具。曾有一位学者气愤地指出:"苏丹红、三聚氰胺、瘦肉精、膨大剂、催红素……农民会懂得这些?工人会懂得这些?还不都是我们的科学家、我们的科技工作者在实验室里制造出来的吗!"许多敏锐的批评家早就发现,科技及其背后的组织,就是引起各种社会问题和环境问题的关键所在。

中日友好"和平使者"、佛教思想家池田大作认为,现代环境问题的出现,归根结底是人的心灵荒漠化的外在表现,"地球表面荒漠化"与"人类精神荒漠化"是"一体不二"的关系。池田大作认为,生态危机看似是大自然独立表现出来的"天灾",实则与人类活动有关,是"人祸",是"以天灾形式出现的人祸"。正是人类自身"内部环境"被污染,导致人类从内心深处喷发出极端利己主义等"魔性的欲望",驱使人类对文化、社会环境和自然环境等不断行使支配、掠夺和破坏的"权力",导致外部地球的荒漠化。池田大作将人的革命作为构筑生态文明的关键予以高度重视。他认为:"既然生态问题是人类心灵荒漠化的表现,生态危机是人类内在本性危机的外显",那么,解决生态问题便不应该把科学技术作为主要手段,而应该"努力变革和提高人的生命或精神的世界"。他还说:"只有当产生了人类内在的变革,才可能找到防止灾害的方法吧。"人类要从变革自己开始。人的自我革命目标是要做"利他"的人和"慈悲"的人。如果人人都具有利他和慈悲的思想,做一个时刻想着他人，为他人谋福祉的人，做一个明辨善恶、诚信无私的人，人类就会拥有更美好的环境与明亮的未来。

现实中我们通常注意到一个现象，越是发达国家和地区，人们的幸福感越难获得。美国皮尤研究中心2014年度"全球态度调查"也显示，发展中国家受访者比发达国家的幸福感更高，人均国民生产总值（GDP）和幸福感并没有直接正向关系，在一定程度上甚至呈负相关关系。

人生的意义和幸福不在于物质享受，适度消费、精神愉悦才是人类的追求；不在于利己，而在于利他，不在于攫取，而在于付出。这也正是生态文明的哲学基础所在。

综上种种，工业文明先天所具有的缺陷和矛盾，决定了它是一个不可持续的文明形态，因而也就注定了其在人类历史上"转瞬即逝"的命运。像其他文明形态一样，在经历了产生、发展和繁荣的阶段以后，工业文明必然按照文明的运行逻辑走向衰败和灭亡。

在连绵不断的文明长河里，每一种新的文明形态都是对前一种文明形态的辩证否定。我们反对的是产生生态危机的文明中的错误观念和行为，并非是工业文明中的进步思想与科学技能。

现在，人类文明所面临的最大困境是社会的飞速发展和能源枯竭之间的矛盾，是资本的飞速发展和生态危机之间的矛盾。新的文明必须也只能在化解这些矛盾的基础上产生，因此，未来的文明形态必然是一种能够正确处理人与自然界、人与人之间矛盾的文明，促进人、自然、社会和谐共生、持续发展的文明，而这样的文明只能是生态文明。

环境非正义：
环境有问题，但问题不是环境

公害问题、生态危机的出现让人们看到一种新的非正义，这就是"环境非正义"，同样生活在工业文明社会，有的人享受经济增长的成果，而有的人却承担环境污染的苦果，而且，破坏环境的人往往并不需要承担环境恶化的后果。因此，环境问题并不单是自然现象问题，而是深层次的社会不公问题。

1982年，美国北卡罗来纳州沃伦县（Warren Country, North Carolina）居民，在联合基督教会的支持下举行游行示威，抗议在阿夫顿社区附近建造多氯联苯废物填埋场。包括哥伦比亚特区议员沃特·E. 方特罗伊（Walter E. Fauntroy）等人在内的500多名示威者，由于试图阻止填埋场的施工而遭到逮捕。沃伦抗议第一次将种族、贫困与工业废物的环境后果联系到一起，在社会上引起强烈反响，并促发了美国国内一系列有色人种以及穷人的类似行动。

"沃伦抗议"正式拉开了美国环境正义运动的序幕，许多关注少数民族社区问题的专业或非专业机构人士进行了广泛深入的调查，并披露了许多鲜为人知的资料与事实。1983年，美国审计总署的一项研究表明，美国南方一些州的黑人虽然人口比例仅占到20%，但全州却有3/4的工业有毒废料填埋场设在黑人社区附近。这些研究成果所揭示的种族因素很难不使人们把它与环境政策制定者的种族偏见联系起来，因此，有人把它称作"环境种族主义"（environmental racism）。

1991年10月27日，在联合基督教会种族正义委员会的资助下，第一次全国有色人种环境峰会（People of Color Environmental Leadership Summit）在华盛顿召开，共有300多个代表团参加了会议。经过激烈的辩论，代表们达成了协议，一致同意用17条"环境正义原则"作为他们行动的宗旨。

由环境不公引发的"环境正义运动"，从美国迅速蔓延开来，在发展中国家和地区得到响应。环境正义运动使人们开始关注环境保护中的不公平现象，意识到环境问题不只是人与自然的关系失调问题，更是人与人之间关系失调的直接结果。

在我国，环境不公问题更多地表现为，强势群体与弱势群体在环境权益与环境风险承担方面的不平等分配。在发展经济的过程中，政府要政绩，企业求利润，当污染严重的企业作为当地支柱产业和纳税大户时，环境保护也就被异化成了"污染保护"，环境恶化的代价只能转嫁给民众。面对环境伤害，富有者、权贵者可以一走了之，去更美、更清洁的环境生存、生活，普通平民却没有选择生活环境的能力，更无力应对因污染而带来的健康损害。改革开放以来，伴随着资源开发的巨大推力，我国一些资源能源富集地区的GDP和财政收入连年迅猛增长，但必须承认，由于分配环节的畸形扭曲，这些地区的多数老百姓不仅无法从中受益，反而受累于因开发导致的各种生态灾难。

我国近一二十年来出现的污染"包围"农村也是明显的环境不公的例子。一些小水泥、小化工、小造纸等污染企业，在城市难以立足和生存,就转向农村。河北省境内的一个村庄,上游化工厂排出的污水在村东被截流,形成了一个巨大的污水池,经年累月,土地污染从地面向地下侵蚀,从这儿的地下100米处抽上来的水都是黑色的。村民说,拿这水浇蔬菜幼苗是不行的,会浇死,只能浇走出幼苗期的庄稼地。笔者问长出的粮食可以安全食用吗?村民回答,反正粮食最后都卖到市场上,要得病大家都得病。这是一种无奈,更是一种控诉。

清华大学社会学系教授景军于1996年在一个西北乡村大川村调研时,记录下了当地农民环境抗争的这样一个场景:像往常一样,村民们又一次提到工厂水污染的责任。抗争者们要工厂的门卫转告厂里干部带着自己妻儿出来,喝掉从污染的溪流中取来的10塑料瓶水。农民们许诺说,如果化肥厂的领导当众喝掉脏水,大川人就绝不再来示威。类似的要求在以前的抗争中也曾提过。这要求是一种道德指控,即如果工厂的职工及其家人不敢喝从那条溪水中取来的水,化肥厂的干部们怎能期望当地村民不来要求安全用水?乡下农民和工厂职工难道不一样是人吗?厂里小孩的性命就比村里小孩的性命更金贵吗?这些问题均涉及道德和正义问题。

在农民的环境抗争中,如何证明自身遭到污染是个重要问题,但在这个证明过程中,农民往往受到知识与权力的限制,要承受地位和权力带给他们的不平等。你提一桶污水去,没有哪个部门会认;你说哪儿哪儿排污了,是不会有人理的。是的,从常识看,原来河是清的,现在变黑、变绿、变红,不能喝了鱼也死了,但这"事实"不能作为"呈堂证供",法律要的是"科学的证据",符合法院法律程序的证据。这对取证难的弱势方来说是非常困难。长期调研水污染的河海大学陈阿江教授认为,在某种语境下,说证据,就等于在寻找借口,将受害的老百姓排除在解决问题的框架之外。

某地东村是一个普通的村庄,全村2640人,耕地面积不到2000亩。2005年的时候被媒体曝光为"癌症村"。从2001—2008年,村民不断地进行着与当地化工厂的斗争。南京大学社会学院博士研究生司开玲在该村做调研期间,参加了他们的庭审,她在关于"审判性真理"的课题研究中还原了当时的场景,其中的细节耐人寻味:

这种诉讼过程本身恰好是双方对证据进行展示的剧场。在这样一个场域中,他们有着共同遵循的规范,法官维持现场的秩序和审判的程序。他们所使用的语言是一种关于"程序"和"证据"的程式。在这个过程中,不符合规范的行为举止会被制止。比如,当旁听的村民听见化工厂老板在撒谎时,他们会进行愤怒的谩骂,或者发出鄙夷的唏嘘声,但是他们马上会因为"违反法庭秩序"而受到法官的制止;当作证的村民斥责化工厂私刻了她的印章,并且以她的名义证明化工厂不存在污染的时候,法官会强调这种细节与案件没有关联而打断她那带有怒气的陈述;有一次,有位村民竟然因为穿了拖鞋而被拒绝进入法庭,他说这是法院的规定,他知道有这个规定,但是他出门时忘记换鞋子了。相反,化工厂老板在法律这个场域中则显得彬彬有礼、踌躇满志。这些细节说明"审判"并不是平等的交易,而是充满权力关系的竞争性场域。

如何保障弱势群体更有效地维护自身权益是我们的法律和制度应该认真考虑的一个重要内容。

环境正义包含国内环境正义、国际环境正义和代际环境正义三个维度。环境非正义不仅存在于同一个国家的城乡之间以及不同阶层、种族、人种、收入、民族等群体之间,更广泛存在于国家与国家之间,当代人与后代人之间。当代人提前消耗了后代的资源,把一个污染的环境留给后代，是一种不正义。西方国家为了保护本国的生态环境向发展中国家输出污染也是种不正义。这方面情况本书将在第三篇给予详解。

关于环境正义问题，国内外的许多学者从人口学、社会学、法学等各个方面进行了各种理论研究，得出了许多研究成果，但归根结底有一点是肯定的：环境正义问题就是社会正义问题，世界范围内强势群体与弱势群体在环境上的不公，是由于在政治经济上的不平等所造成的。公平正义是全人类的共同追求。让人们不分地区、不分身份、不论贫富，都能公平地享有安全健康的生存权利，应成为一个社会是否文明的重要考量。

自然之子 or 自然主宰

工业文明引发的全球性生态危机，说到底是由于人和自然的关系出了问题。从渔猎时期的被动适应与崇拜，到农耕时期的初步改造与利用，再到工业时期的过度破坏与征服，人类与自然一步步走向对抗，终于遭到自然无情的报复。从根本上破解生态危机，实现人类与自然和谐共生，就需要我们匡正人在自然中的关系定位，改变以往错误的思维定式和价值观念。

一、中西方在人与自然关系上的文化差异

因所处地理、环境的不同,中西方在看待人与自然的关系上有着较为明显的文化差异。总的来说,中国文化比较重视人与自然的和谐,而西方文化则强调征服自然、战胜自然。

中国以农立国。中国的中部地区是由长江、黄河两条河流灌溉的平原,土地肥沃,气候温和,适合农业耕种。逐水而居的人类逐渐形成了农耕民族,并养成了农耕性的民族性格。人们只要遵循季节气候的变化,按时播种、收割,就可以丰衣足食。久而久之,这种相对安逸的自然环境和靠天吃饭的农耕规律,形成了人们崇拜自然、臣服于自然的观念。

相比之下,欧洲的自然环境要恶劣得多。欧洲少平原,多山地,且气候寒冷,直到两万年前第四纪冰川期开始转暖,欧洲大陆一直被冰雪覆盖着。在这样的环境下,无论是农耕还是畜牧都很困难。因此,起初定居欧洲的人类主要以狩猎为生。他们每天都在与自然界的斗争中求生存,与自然界的关系只有征服和被征服,任何向自然界的祈求都不会得到回应。西方人的这种自然观也通过宗教的形式表现了出来。

基督教经典《圣经》认为,世界是上帝创造的,人也是上帝创造的;上帝按自己的形象造人,是要派他们去管理自己所创造的一切。《圣经》还说,人和自然本来相处得很好,由于人类的始祖亚当和夏娃犯罪,吃了伊甸园里的禁果——智慧果,受到上帝的惩罚,上帝让蛇与人世世为仇,让土地长出荆棘和蒺藜,使人必须终年辛劳才能得到食物。我国现代哲学家、哲学史家张岱年认为,这些说法隐含着一系列对人与自然关系的思想观念:其一,人是站在自然界之上、

之外的，有统治自然界的权力；其二，人与自然界是敌对的；其三，人要在征服自然、战胜自然的艰苦斗争中才能求得自己的生存。这些思想观念影响深远，在很大程度上造就了西方文化在人与自然关系上的基本态度。

中国人最先发明了火药，用它来制作烟花、炮竹，而西方人却用它制造出了枪炮武器；西方人用罗盘针航海，中国人却用它看风水。这就是中西方不同的自然观产生的不同作为。

征服和战胜自然的观念在西方文化中是如此深入人心，以至于思想家们都不愿花力气去讨论这个问题本身，他们讨论的最多的是如何征服和战胜自然。张岱年认为，"在这方面，对西方文化影响最大的是培根的观点。培根提出了著名的"知识就是力量"的口号，他认为，人们追求科学的目的，不是为了在争辩中征服对方，而是为了在行动中支配自然，要研究自然，探求自然界的规律。与培根的主张相同的还有法国的笛卡儿和德国的歌德。培根、笛卡儿、歌德分别是英、法、德三国近代哲学发轫时期的泰斗，他们的主张影响极大，其结果是把古希腊、罗马文明中崇力与求知的传统召唤回来，并与征服自然的观念相结合，形成新的极为兴盛的"力的崇拜"和对科学技术的热烈追求，对西方科学技术和工业的发展产生了巨大的推动作用。"

到了近代，西方思想家特别是唯物主义哲学家，也不再同意基督教把人置于自然之上、之外的观点。他们坚信人也是自然界的产物，是自然界一部分。这一观点随着生物进化论的问世逐渐为人们的公认。但是，这一认识并没有能在人对自然界的态度问题上引起改变。进化论者在人与自然界的关系上，仍然只看到它们之间的对立。不仅如此，一些进化论还把"生存竞争、适者生存"的生物学推广到社会领域，宣扬弱肉强食的社会达尔文主义。究其根源，这显然是进化论片面标榜斗争的结果。

在西方思想史上，最早认识到人与自然不仅存在对立面而且存在和谐的是马克思和恩格斯。他们虽然也主张征服自然，但在马克思看来，这种征服意味着在更高阶段上恢复人同自然界的统一，这种统一是"人同自然界的完成了的本质的统一，是自然界的真正复活，是人的实现了的自然主义和自然界的实现了的人道主义"。但这还只能算是代表一个阶级的思想。

西方人比较一致地反省"人类中心主义"的思想，还是近几十年的事。现代工业文明带来的全球性的深重的生态危机，迫使西方人开始重新审视人与自然的关系，反省自己一直以来的自然观。在这个过程中，他们把目光转移到主张人与自然统一的中国文化，并从中获得了重大启示。德国汉学家卜松山就曾指出："在环境危机和生态平衡受到严重破坏的情况下，强调儒家的天人合一，或许可以避免人类在错误的道路上越走越远。"著名人文物理学家F. 卡普拉则认为："中国道家提供了最深刻并且是最完美的生态智慧"。

在人与自然的关系问题上，中国传统文化中有以老庄为代表的"服从自然说"，以荀子为代表的"征服自然说"，这两种学说均有一定影响，但都没有占主导地位，占主导地位的是以《周易大传》为代表的"天人合一说"。

虽然"天人合一"说过分强调"天命"，忽视了人类改造自然、利用自然为人类服务的一面，但它的一些观点在今天看来还是正确的、有巨大价值的。比如，中国思想家都肯定人是自然界的一部分，是自然系统中一个重要的要素，其活动对自然系统的演化具有重要作用，因而要求人们审慎地采取行动，在调整自然使其符合人类的愿望的同时，不要破坏自然，而应使人类与自然相互协调。这些都是颇具生态智慧的。

一个有趣的现象是，从近现代以来，我们一直亦步亦趋地追随着西方的脚步走，在很大程度上接受了西方文化中"人"和"自然"的二分的、对立的理念，不加反思地放弃了中国传统的"天人合一"的价值观，已经"不太习惯把人、社会、自然放到一个统一的系统中来看待，而是常常自觉不自觉地把人、社会视为两个独立的、完整的领域，忽视社会和自然的包容关系。"（费孝通：试谈扩展社会学的传统界限）走到今天，越来越多的西方有识之士却将目光转向东方，转向中国，研究起了我们老祖宗是如何处理人和自然的关系的。早在好几年前，耶鲁大学的一个教授就送给环保部前副部长潘岳几本书，书名是《儒学与生态文明》、《道教与生态文明》、《佛教与生态文明》。这让潘岳非常吃惊。他们居然还把"天人合一"翻译成"宇宙共振说"。为了解决生态危机，西方人开始琢磨我们的文化，把我们文化的优秀部分纳入他们的文化之中，丰富本来就已经很厚实的西方文明，而我们又有什么理由放弃呢？

中西方文化在历史长河中各领风骚，中国文化创造了中国五千年的灿烂文明，西方文化也带来了近代的科学发展与物质繁荣。农业文明时期，天人合一的中国传统文化占优，工业文明时期，人类中心主义的西方科学文化占优，这是个时代适应问题，没有高低优劣之分，一种文化、文明能适应于彼时代，却未必能适应此时代。走到今天的后工业文明时代，任何一种文化都不能独立担当起化解目前人类生存危机的重任，扬长避短，汲取精华，辩证统一，互为融合是大势所趋。中西文化将会师在生态文明的平台上。

二、摆正人类与自然的关系

历史和现实的经验教训告诉我们,人类不是自然的主宰,不是"万物的尺度",自然不是人类可以为所欲为的,超出自然界的承受极限,自然就会报复人类。人类要与自然达到和解,就必须正确认识人和自然的关系。

人类是自然之子,人类是大自然孕育的产物。人类学研究告诉我们,地球从诞生到现在已有46亿年的历史,而人类来到地球上只有几百万年。可以说,人类在地球生命中排行"老幺",在自然万物里是晚辈中的晚辈。人类从诞生到进化的全程,从猿到猿人、早期智人到智人、少数古人到几亿、几十亿的现代人,每一步进化都是大自然供养的结果。因此,人类本身就是地球生态系统长期进化和发展的产物,来源于自然界、依存于自然界,是不折不扣的"自然之子"。

当然,这个自然之子不同于其他"之子",他是有思想、有情感、有价值观、有创造力的高等智慧生物,在短短几十万年,人类就成功地遍布整个地球,找到了几乎可以在任何环境下生存的方法,并且很快就在大自然中处于了食物链的最顶端,可以支配其他生物的生命,可以改变大自然的外观,在科技高度发达的今天甚至还可以上天入海、千里传音、隔空取物。但即便如此,人类仍然是整个生物系统中的一分子,是自然界的一部分,不可能脱离自然而存在,人类维持生命的一切元素仍然依赖于自然界,自然提供什么,我们才能获得什么。这不仅仅包括食物和纤维,还包括合适的气候、清洁的水、二氧化碳和氧气保持着平衡比例的大气层……缺少其一,人类便无以存活。

人类依存于自然，自然并不依存于人类。没有人类，其他生命照样生存；但是如果没有植物、动物和微生物共同构成的自然界，便不可能有人类。因此，对人类来说，"'控制自然'这个词是一个妄自尊大的想象产物，是当生物学和哲学还处于低级幼稚阶段的产物。"（蕾切尔·卡逊）

人类是自然之子，也是自然的一部分。美国作家、历史地理学者威廉·房龙在1932年所著的《房龙地理》中"冷酷地"量化了"人类这大自然的一部分"究竟有多大：

这种说法听起来似乎很荒唐，但并没有错。假如地球上每个人都是约6英尺高，1.5英尺*宽，1英尺厚（实际上，人类普遍的身材要小些），那么，全人类（据最近可靠的统计，人类的后裔约20亿人）就可以被装在一只约半英里见方的箱子里。正如我在之前所说，虽然这种说法听上去很荒唐可笑，但是如果你不相信的话，你可以自己去计算，那时你就知道它是千真万确的了。

假如我们把这只箱子运到亚利桑那州的大峡谷那边，轻轻平放在石壁上面——这些石壁原本是用来保护游客安全的。因为如果没有了它，那些沉醉于大自然的神奇力量与奇美景观之中的游客们便有摔断骨头的危险——然后再叫短小的诺特尔（这是一只非常机灵的小狗，而且很听话），用软绵绵的棕色鼻子向那只硕大无比的怪箱轻轻一推，紧接着就听到一阵爆裂的声响，乱石、树枝跟着这个怪箱子一齐向下滚落，低微而模糊的撞击声与河水的溅洒声紧随其后，怪箱子的边缘已经撞击在科罗拉多河的岸边，摔得粉碎了。

然后就是死一般的寂静，这件事情很快就在永恒之中被遗忘了！葬在这个怪箱里的人类很快就全部消失了！而峡谷依旧和从前一样

---

* 注：1英尺 = 0.3048m。

继续跟大自然搏斗着！地球也继续沿着它一直以来运行的轨道，在广阔的宇宙中继续运行。

那些或远或近的星球上的天文学家，并不会注意到我们的地球上面发生了什么变化。

百年之后，低矮的荒丘上长满了野草，指示着这里是人类的葬身之地。

此外就什么都没有了。

房龙当年写这段话时全球只有20亿人，今天已繁衍到70亿人，按房龙的计算方法，那只装人类的箱子扩大到了近两英里见方，但并不妨碍它一样可以掉入大峡谷。这就是事情的本来面目——我们人类只是宇宙中渺小的存在。在大自然面前，人是弱小的、卑微的。大自然是人类的"诺亚方舟"，理应得到人类的尊重和爱护，人破坏了自然环境，也有责任保护环境和对自然环境进行生态修复。

自然是人类的老师，人类是自然的学生。人之所以能够成为统治地球的人，是因为人有智慧，而人的智慧在于向大自然学习。恩格斯在《自然辩证法》中指出："人之所以比其他一切生物强，是因为人能够认识和正确运用自然规律。"认识自然规律的过程，正是人类向大自然学习的过程。自然界是人类获得知识和力量的源泉。

现在，人类活动已经成为能影响行星的巨大的地质力量，这种力量就在于人能够向自然学习，并通过学习掌握和运用自然规律，调动自然界的力量，让这种力量为人的目的服务。要知道，我们之所以能认识自然规律，是因为大自然在为我们"引路"，我们是在大自然的"引导"下做到的。从古至今，意识到这一点的科学家、思想家都是谦逊的。爱迪生说，我哪里是发明家，我只是发现者，我的人生哲学是工作，我要揭示大自然的奥妙，为人类造福。培根说，

| 生态文明启示录 | SHENGTAI WENMING QISHILU |
| 危机中的嬗变 | WEIJIZHONG DE SHANBIAN |

只有顺从自然，才能驾驭自然。叔本华说，只有按照自然所启示的经验来生活。马克·吐温说，自然法规我认为是最高的法规，一切法规中最具有强制性的法规。

自然是人类的朋友，人类也是自然的朋友。我们知道，地球表面是人类活动的场所，这里存在着两大圈层，一个是人类圈，另一个是自然界即自然圈。这两大圈相互作用，共同进化，一起造就了今天这个美丽的世界。大自然鬼斧神工，创造了多少令人赞叹的美景、奇观，或陡峭高峻，或一望无际，或奔腾不息，或声震寰宇……而人类也以自己的勤劳和智慧对大自然的恩赐给予回馈，古人修筑的长城、金字塔、太阳神庙，近代人建造的埃菲尔铁塔、伦敦塔桥、尼德兰拦海大坝，现代人建设的悉尼歌剧院、吉隆坡双子塔、北京鸟巢等，都是举世闻名的杰作。自然景观与人文景观交相辉映，构成了地球上一道道亮丽的风景线。

中国城市几十年间的变化是人与自然共同作用的结果。

兰州（1930年，2016年）　　　宜宾（1940年，2016年）

上海（1920年，2009年）

（以上组图转载自网易网站，发表者"大叔爱吐槽"）

人类与自然的相互作用本质上是一种合作伙伴关系，即人类通过自己的活动，促进自然界的进化；自然界通过为人类的生存和人类的活动提供全部需要，促进人类的进化。用生态学的术语来说，人类与自然的这种合作伙伴关系就是"互利共生"。马克思说：人创造环境，同样，环境也创造人。人以文化、技术的方式对自然施加影响，自然则以"非人"的方式对人类的行为施以反作用。人类在与自然长期打交道的过程中学会了适应自然，学到了许多智慧。

人与自然这种合作伙伴关系具有相对性，包括他们的适应性选择和制约。例如，人类在一定程度上可以支配森林，森林可以被砍伐，但砍伐超过一定限度,土壤的营养随流水带走,土地上就长不出好庄稼,自然不就反过来主导了人的命运吗?就是在这样的制约中,我们懂得了要对人类的活动进行调节,把人类活动控制在自然生态许可的限度内。这样,才能符合人类生存的需要,也符合自然界生存的需要。人类为了生存需要改造自然,但这种改造不是为所欲为的。

认清人与自然的这种"朋友关系",有助于我们懂得现实的世界不是人的世界与自然界简单的机械相加,而是它们相互作用构成的完整的"人类生态系统";人与自然的关系不是人征服自然的敌对关系,而是和谐发展、协同进化的友好合作关系。和谐发展是人与自然相互作用的客观规律。我们对地球上的每一种生命形式,包括动物和其他生物,不管它对人类的价值如何,都应该表示尊重和友好,不可随意残害。地球上所有生物物种均享有生存发展的权利,人类应维护不会说话的生物的权利。当人与自然界其他物种的利益发生矛盾时,人的生存需要优于生物的生存需要,但是生物的生存需要优先于人的奢侈需要。比如,为了制作一条出口披肩要猎杀几头藏羚羊的残忍行为是要坚决制止的。

"在树上采伐树丫时,不可折断自己所踞的那枝"。这是印度的一个谚语对人们的告诫。今天,当我们为了摘取经济增长的树丫,连自己所踞的自然生态系统那枝也要折断,无异于自断生路,这是极其愚蠢的。一切明智的人们,都应当吸取在处理人类与自然关系问题上的沉痛教训,从"人类征服自然"的误区中走出来,向环境妥协,与自然和解。

如果说,人类比一切地球生物强,这种强不应该表现在对自然界的强制性的统治上,当然也不是与其他动物一样消极地服从于自然界,而是在于能够认识和把握自然规律,并自觉地适应和遵循这种规律,尊重自然、善待自然,建立起人与自然界的友好和谐关系,从而为人类社会的永续发展和持续繁荣开辟广阔的道路。

生态文明的诞生

反思工业文明及其带来的全球性生态危机,人类意识到,不能再沿着传统工业文明的轨道继续前行,当然也不可能返回农业时代低水平的"田园牧歌"生活。不管是亲生态、可持续但生产力低下的原始文明、农业文明,还是生产力高度发达但却反生态或反自然、不可持续的工业文明,都不是人类真正需要的,人类需要的是人与自然和谐进化、良性循环、永续发展的文明。这就是生态文明。如果说农业文明是黄色文明,工业文明是黑色文明,那么生态文明就是绿色文明。

绿色的生态文明是人类对工业文明的反思、扬弃和超越。作为一种新的文明形态,它对工业文明的超越是一个辩证的过程。超越不等于抛弃,更不等于毁灭,而是在继承和吸收工业文明及其成果的基础上发展出的更高级的生态文明。例如,工业文明创造了高度发达的科学技术,对于这些科学技术,我们当然不能够把它们消灭,使人类重新回到一个原始和落后的状态,但是,我们要从根本上改变工业文明的那种生产和生活方式,确立一种在生态环境许可的范围内遵循大自然循环再生规律的新的生产和生活方式。这样一种生产和生活方式,我们把它叫做生态文明。

以现代生态文明取代传统工业文明,是历史发展的必然选择。20世纪70年代以来,几大潮流共同推动着生态文明的诞生:

一是发达资本主义国家在公害问题的冲击下首先步入环境治理的前列,走上了一条"先污染后治理"的道路,实践着生态化的发展模式。西方发达国家最早尝到了环境污染的苦果,凭借其经济、技术优势,率先调整经济结构、转变发展方式,收到了很好的效果。英、美、法、德、日等工业大国走的都是"先污染后治理"的路子,经过几十年的调整和转变,基本实现了产业转型和环境改善,开始走上可持续发展之路。虽然发达国家的成功转型有一部分是靠"输出污染"实现的,但不可否认其治理污染的许多做法和严格的环保执法值得发展中国家借鉴。

二是发展中国家面临比发达国家更为严峻的环境、资源制约及国际环境机制的压力,纷纷提出不同的主张和探索新的发展路子。西方国家的工业化开始于200年前,那时的人口、资源、环境条件要比现在好得多,世界人口1930年只有20亿,1960年也只有30亿,资源相对丰富,生态环境的承载力还较强。今天正在工业化进程中的发展中国家所面对的情况与西方国家"拓荒时代"早已不可同日而语,西方先污染后治理的路子我们学不了,也走不通,必须走新型的工业化道路。

三是发达资本主义国家内部的反工业文明运动和批判思潮的兴起,酝酿了生态文明意识。发达资本主义国家的"第四世界"(第四世界指发达国家内部反对国家的群体)对现存的工业文明进行了猛烈的抨击,工业文明主导的生产方式、生活方式、消费方式、组织方式正在被"第四世界"的人们一点点撕扯,对自然界的关怀、对人类自身生存状态的关注正逐渐纳入人们思考的视野。几十年持续不断的西方国家的环保运动也冲击着工业文明,对政府的环保决策和全社会生态意识的传播发挥了重大作用。

四是国际组织及国家的国际行为推动着生态文明的前行。1972年,联合国人类环境会议在斯德哥尔摩召开,这是人类第一次将环境问题纳入各国政府和国际政治议程的历史性会议,标志着人类对环境问题的关注和觉醒。1983年3月,联合国秉承"环境与发展共赢"的宗旨,成立了以挪威首相布伦特兰夫人为主席的世界环境与发展委员会(WCED)。1987年,该委员会提交了第一份研究报告——《我们共同的未来》,该报告在人类历史上明确提出了"可持续发展"的概念,把环境问题与人类的发展紧密地结合在一起,要求改变只重视经济增长的传统发展观念。1992年6月,联合国环境与发展大会在巴西里约热内卢召开,会议通过的纲领性文件——《里约热内卢环境与发展宣言》(又名《地球宪章》)提出了实现可持续发展的27条基本原则,是开展全球环境与发展领域合作的框架性文件;会议通过的另一个纲领性文件——《21世纪议程》是关于在全球范围内实现可持续发展的行动计划,从全球性措施的角度为确保人类共同的未来提供了一个战略框架。2002年,以"拯救地球、重在行动"为宗旨的联合国可持续发展首脑会议(简称"地球峰会")在南非约翰内斯堡召开,会议通过的《执行计划》和作为政治宣言的《约翰内斯堡可持续发展承诺》,再次深化了人类对可持续发展的认识,确认经济发展、社会进步和环境可持续发展的三大支柱……国际社会的努力和一些国家的实践,不断丰富着"可持续发展"的内涵,形成了诸如"后工业时代"、"后工业文明"、"绿色文明"等学说。

五是现实社会主义国家的曲折发展及中国高举起生态文明旗帜

的选择引人深思。在当今世界,大多数国家选择了资本主义的市场机制和民主,还有少数国家敢于选择与西方保持一定距离的生存方式。它们的存在与发展对资本主义的生存方式是一种反证。在工业文明模式难以为继的趋势下,最大的社会主义国家中国另辟新路,选择生态文明为社会主义的新发展方式,并将之上升到国家战略的高度,格外引人深思和关注。就像美国学者罗伊·莫里森认为的那样,"中国必将从具有价格优势的全球出口领先者,转变成具有生态优势的全球出口领先者,成为全球生态文明的领跑者。"中国理论界对生态学、生态文明的研究也后来居上,在理论上渐成体系,丰富了生态文明理论的内涵与外延。

生态理论的形成也是一个渐进的过程。德国博物学家海克尔(E. Haeckel)1866年首次提出"生态学"概念。英国生态学家坦斯勒(A. G. Tansely)1936年提出"生态系统"一词。随着环境危机的加深和科学研究的深入,生态学概念逐渐走出了生物学的范畴。此后,许多生态学家都对生态系统理论和实践作出了巨大贡献。中国学术界,一批学者如叶谦吉、余谋昌、陈学明等早在20世纪80年代就提出了生态思想。

中外学者、专家对生态文明做了很多阐述和定义,简而言之,生态文明是以人与自然、人与人、人与社会和谐共生,全面、协调、可持续发展为宗旨的文明形态;人与自然是一个生命共同体,尊重自然、顺应自然、保护自然,发展和保护相统一,是生态文明的核心理念。

人类社会可持续发展的根本出路,就在于实现传统工业文明向生态文明的转型。只有转向生态文明,人类社会才可持续发展下去。就其本质而言,生态文明是最高的道德文明,体现的是一种厚道发展观，这种发展观有助于人类找回生命中久违的意义感、归属感和幸福感。

一是生态文明以人与自然的共同福祉为宗旨。生态文明拒绝人类中心主义与绝对环保主义，追求人与自然的共同福祉。在这个意义上，它是深度生态的。它将人类和自然界看成一个生命共同体，承认自然界的权利，对生命和自然界给予道德关注，呵护不会说话的野生动物和一草一木。它倡导人与自然是平等主体的道德意识，自然界所有生物物种均享有生存的权利，人类承担着保护它们的责任，人的奢侈需要不能超过其他生物的生命需要。它认定资源、环境、生态是人类发展的基础，人类的一切经济活动都应放在自然界的大格局中去考量，既要考虑人类生存与繁衍的需要，又必须顾及自然界的承载力。它强调经济发展必须坚持"生态优先原则"，"量入为出"、"索取适度、回报相当"，而不可急功近利、竭泽而渔、肆意妄为，与自然规律、生态法则撞车。

二是生态文明以人的幸福为目的。与工业文明将经济增长视为唯一的目标不同，生态文明寻求的社会是一个"既是可持续的，又是可生活的社会"，经济繁荣，生活富裕，生态良好。在生态文明社会，经济增长不是目的，只是通往目的的手段。生态文明社会志在打造美丽个人、美丽社会、美丽世界。"美丽"的实质就是和谐，自然、社会与人的和谐，最终达到个体生命美丽、人类社会整体美丽和地球系统美丽。从审美角度来说，生态文明社会是真善美的统一体，生态文明社会的生命个体将脱离工业文明时代的丑陋行为和心理，完全以一种宁静、大爱的品质去生活。良好的社会关系和归属感将使人类感知什么是"真正的幸福"和"真实的财富"。

三是生态文明主张成果分享的公正性，强调经济的成果必须惠及每一个人。世间所有财富皆为全人类尤其是劳动者所创造,一切物质文化成果都应当全体社会成员共享。然而,现实是极少数人暴富,大多数人却只分得劳动成果的小部分,相当一部分人还生活在贫困线以下。这种不公正,是由工业文明的痼疾所造成。贫富差别扩大、社会两极分化,是导致社会矛盾多发的总根源。在国际方面,发达国家利用科学技术和殖民政策率先消耗地球上大量的自然资源,较早地进入了现代文明社会。但是,大多数发展中国家还处在发展工业阶段,需要大量的自然资源,却遭遇资源不足、受到限制,因此,发达国家与发展中国家之间在自然资源的利用和分配方面存在尖锐的矛盾。同时,环境污染、生态保护等引发了不同国家间的矛盾与冲突,加剧了事态的恶化。这是工业文明主导下的资本主义社会的真实写照,它不是人类的理想社会,而生态文明的社会正是要实现全人类的和平稳定永续发展。生态文明社会既包括国内社会也包括国际社会。生态文明强调人与自然、人与人、人与社会和谐共处,考虑道德多于利益,考虑穷人多于富人,实现发展成果人人共享,有效提高人民的幸福指数。这是建立良好社会生态、化解社会矛盾、造福于全体社会成员的必由之路。

　　四是生态文明强调发展的可持续性。如果说工业文明时代"榨取型发展模式"是不可持续的,是对将来时代不厚道的话,那么生态文明的厚道发展观则强调发展的可持续性,顾及将来世代人的权益。人类可持续的生产方式和消费模式将形成生态文明的社会形态,两者互为因果,相辅相成,相互促进。生态文明要求我们以尽可能少的资源环境代价实现经济社会的可持续发展,这也正是可持续发展的基本内涵。不难看出,生态文明是一种厚道的文明,有一种内在的道德关怀,有一种本真的"利他性"。穷人的利益、后代的利益、共同体和福祉被放在优先考虑的位置。

生态文明到底是什么样的文明，我们还可以采用国务院发展研究中心研究员周宏春给出的更容易理解的解读：衣食无忧、尊重自然、生态文化和人生态度共同构成生态文明的基本要素。生态文明是以人为本的。人只有衣食无忧才能举止文明，才不会因为要"填饱肚子"去砍伐树木破坏生态环境，因而发展是生态文明的前提。尊重自然是生态文明建设的原则，只有尊重自然才能更好地利用自然造福人类，才不会以污染环境为代价赢得短期的增长。只有节约资源、保护环境成为生态文化和社会氛围，才会有人与自然的和谐。人与自然和谐是核心，是本质，是目标，也是结果。人生态度端正了，才能有生态文明新时代的到来，才会建成美丽中国。

生态文明的厚道发展理念与中国式的厚道不谋而合，这样一种厚道发展观，在重情重义的中华大地上，注定有一个灿烂的未来。

中国的独特机会
——直接进入生态文明

危机往往孕育着机会和嬗变。半个多世纪以来，西方国家对生态文明领域的研究起步较早，对环境的治理和生态的修复也遥遥领先于我国，但为什么生态文明建设首先在中国而不是在西方提出？并且中国要把它上升到国家战略层面？

从清朝末年起，中国开始寻求强国之路。鸦片战争后开展洋务运动学技术；甲午战败后转学制度；戊戌变法失败后，辛亥革命推翻帝制建立中华民国，但中国仍然没有摆脱困境，这便使国人特别是精英们认定是中国的思想文化有问题，于是打倒"孔家店"，否定自身传统，走上器物、制度、理念全盘西化之路。之后，中国选择了西方传统工业文明道路，走了多年以后，先不论伦理文化的缺失所造成的损失，也不论意识形态上的矛盾造成的困惑，仅就生态层面讲，中国面对的复杂程度和特殊性是世界上任何一个国家都无法比拟的，资源和环境成本转移不出去，本身的国情又支撑不起，环境、资源、人口、社会、民生等种种问题交织在一起，形成一种巨大的压力，牵制着中国的发展。建立在经济落后基础之上的中国社会主义，经过30多年的改革，在工业化的道路上取得了巨大的经济成就，但是，西方工业化道路的弊端也在中国暴露无遗：环境污染和生态破坏的问题，能源和其他资源短缺的问题，从东部沿海到西部内陆，从城市到乡村，从政治到经济，从社会到文化，从民生到环境，几乎在所有领域和地域都呈现出来。

面对这种压力和挑战，中国也一直试图用工业文明的方法来解决问题，结果付出了巨大代价。实践证明：用西方工业文明的方法是行不通的，只有依靠自己的智慧和经验另辟蹊径，"用生态文明点燃人类新文明之光，以生态文明引领世界的未来，这是中华民族伟大复兴的历史使命，也将是中华民族对人类的新的伟大贡献！"（余谋昌：《生态文明：建设中国特色社会主义的道路——对十八大大力推进生态文明建设的战略思考》）

中国在短短百多年时间内从农业文明一跃而入工业文明，再由工业文明向上一越，直接跨入生态文明，是完全可能的，因为中国已经同时具备实现这一战略的经济基础、政治基础和文化基础：中国的现代化建设已经极大地解放生产力并发展生产力，国民财富迅速增长，综合国力大幅提高，这是中国建设生态文明的经济基础；中国的现代化建设已经完成了救亡图存的历史使命，一个承载千年道统的政治民族最终屹立于世界东方，这是中国建设生态文明的政治基础；充满生态智慧的中国传统文化在现代社会实现创造性转化，这是中国建设生态文明的思想文化基础。因此，中国完全有条件、有能力实现人类三期文明的跨越式发展。

瞻望前路，我们追随了几十年的工业文明只能是中华民族从古代走向现代的过渡文明，不可能成为中华民族走向伟大复兴的文明。相反，中国五千年传统文明与开启的生态文明在能源形态、价值观、文化特征方面具有天然契合性。生态文明才是中华民族建设美丽中国、走向伟大复兴的康庄大道。

当发达国家依靠环保产业、产业升级和污染转移，一定程度上解决了环境污染问题、环境质量有所改善的时候，同时也丧失了从工业文明转向生态文明的强大动力，而中国不同，中国生态环境问题的严重性使得实际需要变成了强大的动力。中国作为资源消耗大国，既要面对国际环境压力又要面对国内的发展压力，如果不转变发展方式，就极有可能被锁定在低技术含量、低劳动收入的"为世界打工"的角色上，只有坚定地走生态文明之路，才能彻底解决中国的生存危机、生态危机等诸多发展难题。

从国家决策层面来看，中共中央生态文明意识的形成及纳入政策是"持续接力"的过程。从2001年江泽民提出"开创生产发展、生活富裕和生态良好的文明发展之路"到2005年胡锦涛提出的"生态文明概念"，中国的生态文明建设经历了从民间学术研究到政府政策出台的转变、从学术思想到具体制度升华过程，这个过程本身就体现了思想与实践的统一。到了习近平时代，开创生态文明的大旗已高高举起。习近平总书记立足历史的大视野和人类发展的大趋势，强调指出，走向生态文明新时代，建设美丽中国，是实现中华民族伟大复兴的中国梦的重要内容；绝不走"先污染后治理"的老路，探索走出一条环境保护新路，实现经济社会发展与生态环境保护的共赢；良好生态环境是最公平的公共产品，是最普惠的民生福祉；环境就是民生，青山就是美丽，蓝天也是幸福。这些重要论述，自觉把共产党人的发展观、执政观、自然观内在统一起来，将自然观的更新演进与认识深化，融入新时期我们党的执政理念、发展理念之中，成为全党的共同意志。这对任何一个现代国家的执政党都是罕见的。

外国许多专家学者对我国的生态文明建设投来赞许目光。"绿色 GDP"概念的提出者小约翰·柯布撰文写道："尽管中国是世界上人口最多的国家，但她仍展现出向生态文明转变的领导者姿态。"

我国历史学家、儒学学家钱穆在 1990 年人生最后一篇口授文章《论天人合一》中，表达了他的最终信念：天人合一观是整个中国传统文化思想之归宿，也是中国传统文化对人类的最大贡献；中华民族为农耕文明的起源和农耕社会的发展作出过重大贡献，在创造工业文明的过程中落伍了，现在切不可错过创造新文明的机会。

中国是世界上最人的发展中国家，承担着改变人类命运的重大责任。全球生态运动，推动中国走上社会主义生态文明建设之路。

创造生态文明将是中国继农耕文明后对世界的又一重大贡献。走进生态文明，中国将不再缺席。

 延伸阅读

小约翰·柯布：发展生态文明的中国优势

选择直接进入生态文明，必将带给中国一个千载难逢的伟大机会。

过去几十年，世界范围内关于生态文明建设的讨论从未间断，且看法不一。西方国家在生态文明领域的研究起步较早，也提出不少理念，但遗憾的是，这些理念都未能向社会广泛传播，更未付诸实践；中国则迈出历史性的一步，将生态文明建设上升至国家战略和基本国策的高度。可见，比起欧美国家，中国实现生态文明的前景更令人乐观。

20世纪60年代末，我开始注意到美国和西方世界的生态危机，并把生态危机研究放在过程哲学的指导下进行。过程哲学认为世界存在的本源不是物质也不是精神，而是事物演化的过程，强调以动态过程和有机整体的角度来看世界。这与中国几千年文明中所倡导的天人合一、阴阳互动的哲学思想不谋而合。过程哲学的当代创始人怀特海在他的名著《过程与实在》中明确指出，自己的过程哲学在思想脉络上更接近中国哲学。中华文明是一种根基深厚的成熟文明，而且它在根本上就与生态文明息息相通。

过程哲学一直尝试将生态与文明两个词联系起来，但最终还是中国人将两者结合，创造出"生态文明"一词。人类不仅需要在人际关系中生存，在一个大生态背景下，

也要处理好人与自然的关系。我认为,"生态文明"一词很好地反映出这样的思想。

毋庸置疑,西方尤其是美国所奉行的现代化发展道路正在给全球生态造成恶果。一方面,现代化强调个人至上,崇拜消费,认为"幸福生活"就是占有财产和扩大消费,导致整个工业化社会的金钱崇拜;另一方面,建立在殖民和掠夺基础上的西方式现代化导致资源过度开采、自然环境恶化。客观地审视人类今天所处的境况,就会发现,生态危机正在一步步逼近。

美国人已经错失了从前现代农业文明直接进入生态文明的机会。在过去一个世纪中,美国所做的许多事情都是错误的,中国今天绝不应该重蹈覆辙。可喜的是,中国政府和理论工作者们已经把转变经济发展方式作为生态文明建设的重要内容。中国也意识到仅以国内生产总值来衡量经济发展有误导性,转而寻求更科学的衡量标准,坚持走可持续发展道路。

事实上,中国具有发展生态文明的天然优势,因为中国大多数农民在村子里仍然从事着精耕细作的小农经济。这些小型的、多样化的家庭农场最能解决未来人类食品安全问题,同时也是中国社会政治经济稳定的根基所在。中国当前的农业决策和关于农村发展的决定,将关乎成千上万中国人的命运,甚至影响世界未来的走向。

此外,在政治文化上,中国同样具有优势。因为中国的政治与西方不同,是一种共同体治理结构,能够集中力量推行政策。

总之，选择直接进入生态文明，必将带给中国一个千载难逢的伟大机会。

（摘自《人民日报》，2015-08-21，作者系美国国家人文科学院院士、中美现代发展研究院院长）

中国传统文化中的生态智慧

英国历史学家阿诺德·约瑟夫·汤因比在其巨著《历史研究》中指出，在近6000年的人类历史上，出现过26个文明形态，但在全世界只有中国的文化体系是长期延续发展而从未中断过的。这种强大的生命力，是中国文化的一个重要特征。在全球应对生态危机的今天，中国传统文化中丰富的生态伦理思想已经被越来越多的学者重视并挖掘。

从先秦时代到明清时期，我国大多数思想家、哲学家都有自己的"天人观"，这是中国传统文化的一个独特现象。可以说，"天"与"人"的关系问题是中国古代哲学的基本命题，"天人合一"是整个中国传统文化思想的归宿。分析其生态智慧，对我们实现生态文明仍具有"奇迹般的深刻"。

综观中国传统文化的天人观，一是老子的"见素抱朴"、"回归自然"的"顺天说"，二是荀子的"制天命而用之"的"制天说"，三是《易传》提出的天人和谐说。百家争鸣，百花齐放，虽观点各有差异，但在他们看来，天与人、天道与人道、天性与人性是相类相通的，是可以统一的。

一、儒家生态智慧的核心是德性，集中表现在对于生命的珍视与尊重

"生"在中国文化含义极其丰富，这正表明了古人对于"生"的体验和认识的深刻性。"生"的基本含义是生命。《易传·系辞》说"天地之大德曰生"，"生生之谓易"。"大德"就是伟大的德性，天地伟大的德性是给予事物以生命；"生生"就是使生命顺利地展开，这是天地的好生之德。这种思想在《中庸》中又发展成为"尽己之性"、"尽人之性"、"尽物之性"的说法。尽，就是发挥、实现。一个人，要发挥、实现自己的本性，也要让他人能够发挥和实现自己的本性，还要让万物发挥、实现自己的本性。如何做到"尽性"，孔子说得很明白，"己所不欲，勿施于人"，"己欲立而立人，己欲达而达人"。

尊重万物的生命的思想，落实到对待动植物上，表现为"时禁"的观念，即动植物不成熟之时，不得渔猎和砍伐，为的是"不夭其生，不绝其长"（《荀子·王制》）。出乎我们意料的是，时禁也是儒家的孝的内容之一。曾子说"断一树，杀一兽，不以其时，非孝也"（《礼记·祭义》）。

"生"也是生物体内的根本动力，表现为生命力，这种生命力，儒家称为"生意"，这可谓是对生命的最为深刻的体会。程颐把中国古代哲学的重要范畴"仁"解释为"生意"。他说："心譬如谷种，生之性便是仁也"（《二程集》）。种子一定是包含"生意"的。

我们至今还把植物的种子叫做"核桃仁"、"花生仁"、"玉米仁"等，其中就包含生生不息的意思。

儒家哲人大都从自我生命的体验，转而同情他人的生命，并推及对宇宙万物生命的尊重。王阳明曾经说，人的仁爱之心不仅应与将要掉到井里的孺子为一体，也要与鸟兽、草木、瓦石为一体。对于将要掉入井内的孺子，应该有恻隐之心；对于鸟兽将死，要有不忍之心；对于草木摧折，要有怜悯之心；对于瓦石毁弃，要有顾惜之心。这样，珍视生命的态度就扩展到鸟兽草木，超越了通常的生命。

尊重生命的思想是有深厚的哲学基础的，这就是儒家所说"天地万物为一体"的"天人合一"思想。儒家认为，人与自然界的关系是天人合一的关系，天以人而合万物，人以万物而得天，天与人不可分离。人与自然的关系就如同母子同胞关系，故"民胞物与"，"仁民而爱物"。

儒家认为，天、地、人是宇宙万物最根本的存在、最有价值者，并对于"天人合一"，通过"内圣"，即格物致知，修身养性，实现"外王"，也就是治国平天下，从而实现人与天的伦理合一，达到"天人合一"的境界。"仁者以天地万物为一体"，一荣俱荣，一损俱损，因此，尊重自然就是尊重人自己，爱惜其他事物的生命，也是爱惜人自身的生命。"以情度情，以类度类"，进而效法大自然的厚德载物和博大无私。儒家以入世的态度用人道来塑造天道，使天道符合人道要求，同时又以伦理化的天道来论证人道，从而实现天人合一。

在天人合一的思想支配下，中华文明对于自然还有一种超越功利的审美态度，"采菊东篱下，悠然见南山"、"明月松间照，清泉石上流"、"万物静观皆自得，四时佳兴与人同"等，都不只是单纯地对自然的吟诵，其中还渗透着人与自然的情感交融的丰富内涵。

二、道家的生态智慧是一种自然主义的空灵智慧，通过敬畏万物来完善自我

老子在《道德经》中写道，"道生一，一生二，二生三，三生万物"，老子认为"道"是万物之根，人要遵循"天道"，以尊重自然规律为最高准则，进而"道法自然"，体现了天人合一的思想路径。老子的宇宙论首先看到的就是：天地万物是一个整体，人是天地万物的一部分。从天地万物发生的本原来看，它们都来自同一个"道"。道是独一无偶的，由独一无偶的"道"分化为"阴阳"二气，由它们再产生出千差万别的天地万物。天地万物的运动变化是有规律的，老子哲学把这种规律称为"天道"或"天之道"，既然天与人是合一的，人是自然的一部分，因此，"天道"与"人道"也是一致的，"道"既是自然万物所遵循的规律，也是人类行为应遵守的法则。老子认为人应当顺应自然，而为此则须遵从"道"。"人法地，地法天，天法道，道法自然"。人以地为法则，地以天为法则，天以道为法则，道的法则就是自然而然。老子提出的师法自然的思想，虽然是从人类行为的一般意义上说的，但内在地包含了人类的道德行为、道德法则也应遵循自然的法则的思想，"是以圣人无为故无败"，"以辅万物之自然而不敢为"。

庄子在《庄子·齐物论》中提出的"天地与我并生，而万物与我为一"的精神境界，就是一种"天人合一"的境界。道家认为，天人合一是各自应保持其差异性的自然融合，也就是要保护天与人各自固有的生存权利和生存方式。人类应该按照自然之道来对待万物，提倡"自然无为"的生活方式，达到天人和谐。而对其实现的根本途径，道家认为，就是要通过自我参悟，实现形而上的自我超越，

最终实现人与道的合一。

道家还提出了处理人与万物关系的道德法则——知止不殆、知足不辱，"知止不殆"要求人类要认清事物固有的限度，限制和禁止那些"极端"、"过分"的行为。既然天地万物都有自己的限度，人的行为就应当有所"禁止"，人的欲望就应当有所"满足"，有所克制；"知足不辱"则要求人们克制自己的欲望不脱离实际情况。

三、中国佛教的生态智慧核心是在爱护万物中追求解脱，它启发人们通过参悟万物的本真来完成认知，提升生命

源于古印度的佛教，自西汉末年传入中国，并受中国传统文化儒家思想的影响后进行了本土化的改革，形成了中国传统文化中的重要一脉。其生态思想可概括为："无情有性"的自然观，"众生平等"的生命观，"万物一体"的整体观，"生死轮回"的联系观。

佛学思想提倡在佛的面前人与其他所有的生物都是平等的，所谓"依正不二"。"一切众生悉有佛性"——所有生命都潜藏着天赋的佛性。佛学提出众生平等、善待生命、净心惜福的主张，从众生平等的立场出发，强调对地球上的生命和生态系统的保护，主张人类善待万物和尊重生命，帮助所有生命一层一层地向上提升，直到佛的境界。佛学思想在人道主义与保护生态之间画上了等号。佛教这种在人与自然的关系上表现出的慈悲为怀的生态伦理精神，客观上为人们提供了通过利他主义来实现自身价值的通道。佛教讲"境由心造"，扫除贪、嗔、痴三毒，使心灵解脱自在，达到"无我"的境界。从这个意义上讲，倡导伦理道德、文明发展、俭朴节约的

生态文明，与佛家所谓"心净则国土净"的禅意殊途同归。

那么，中国传统的儒释道思想中的生态文化可以为我们提供哪些宝贵的启示呢？综合中国学者的研究成果，我们认为，主要有以下几个方面：

一是"天人合一"的整体哲学。这就肯定了人类是自然界的产物，是自然界的一部分。这种整体哲学在儒释道三大思想流派中都有充分表述和论证。儒家的"天地万物一体"、道家的"天地与我并生，而万物与我为一"，佛家的万物平等、"依正不二"，都是把人类与天地万物看做一个整体。这是中国传统文化的根本精神与最高境界。

二是天道与人道一致的信念。中国古代的儒家和道家都从天人整体观出发，将天道与人道贯通于一体。他们都认为，自然界有普遍规律，人也要服从普遍规律；人性即天道，道德原则和自然规律是一致的；宇宙的秩序与人类社会的秩序虽然各有其特点，但两者之间应该是和谐一致的；人生的理想就是天人的调谐。

三是万物平等的生态价值观。这种价值观体现在道家和佛家的思想中，如道家讲"物无贵贱"、"物我同一"、"万物皆一"，佛家讲"无情有性"、"有情无情，皆是佛子"。这种在人类与自然之间不设定界限的尊重生命的思想是令人钦佩的，与我们今天倡导的环境伦理学的思想不谋而合。

四是仁慈好生的生命关怀。所有生命出于一源，万物皆生于同一根本，万物与生命之间互为条件，因此，人类应当效法天地之生德，爱护万物、尊重生命。儒家认为"上天有好生之德"，佛家更是反对杀生，而且，不但不可杀人，也不可杀害其他生命。这种仁慈好生的生命关怀，对于我们今天的生态保护和动物保护无疑是很好的借鉴。

五是"道技之辩"与技术限制。把技术放在理论和道德的驾驭之下,是中国古代生态道德的一个重要特点。其中,道家认为"好于道"则"进于技",认为理论和道德比技术更根本;儒家以"志于道,据于德,依于仁,游于艺"为原则,认为以仁德来驾驭技术才是根本之道。这种对待理论、道德与技术之间关系的思想,在人们滥用科技造成严重恶果的今天,显得多么难能可贵。

六是"圣王之制"的资源保护传统。所谓"圣王之制",指的是中国古时周、秦、汉等各代统治者基于人类长远发展需要,制定的有关禁止滥伐、滥采、滥猎、滥渔等方面的法律规定。这些统治者的政治主张虽各不相同,但在对待自然资源保护的态度上却一脉相承,这也从一个侧面反映出善待自然、保护自然是人类社会的共同需求。

中国传统文化中的生态思想,产生于遥远的古代,但仍然超越时代闪耀着智慧之光,为我们今天进行的生态文明建设提供了宝贵启示和独特的精神视野,值得我们尊重、珍视、发掘、转化。

第二篇 人类的家园

主题：地球是人类唯一的家园
启示：良好的生态系统是人类生存繁衍、经济社会可持续发展的基础

对人类来说，地球就是世界，世界开始于地球生命出现的那一刻。地球是人类唯一的家园包括两层意思：一是到目前为止，在宇宙中没有"另一个地球"可供我们迁徙；二是地球生物圈不可能人工造就。人类所赖以生存的生物圈是经过几十亿年"修炼"而成，千千万万、大大小小的生态系统就像人体的不同器官，各司其职，共同维持着生物圈的生态平衡。生态系统"一荣俱荣，一损俱损"，人也是生态系统中的一员，如果把生态系统中的其他成员赶尽杀绝，人类自身也就不存在了。保护好地球，保护好地球生态，是人类的唯一选择。

46亿年前,太阳系生长出一颗美丽的行星——地球。初生的地球在一片死寂后进入了惊心动魄的"炼狱"期,火山喷发,岩浆翻腾,大地爆裂,毒气四散。经过10亿年这样不间断地剧变,地球迎来了春风化雨、生命诞生的进化时代,生命在海洋里首先出现了。又经过35亿年生物灭绝、重生、灭绝的反复"修炼",地球终于孕育出了今天万物竞发、生生不息的和谐世界。

法国科学家里夫把地球演化历史压缩为一天的时间:在这一天中,前1/4的时间内地球上一片死寂;到清早6点钟,最低级的藻类才在海洋中出现,它们持续的时间最长,直到晚上8点,软体动物才开始在海洋和湖沼中活动;晚上11点半,哺乳动物出现并迅速分化;夜里11点50分,灵长类的祖先登台;最后两分钟,它们的大脑扩大了3倍,最终成为人类。也就是说,人类来到地球上只有几百万年,在自然万物里是晚辈中的晚辈。

在漫长的岁月里,人类在地球上繁衍生息,建设家园。地球的矿物和生物资源维持着全球人的生活。发展到今天,人类分成220多个国家和地区,通过外交、旅游、贸易和战争发生着联系。

谁创造了地球

我们从哪里来?到哪里去?此刻我们置身何处?人类从古至今都在探寻着答案。我国古人关于盘古开天辟地,女娲炼石补天,夸父追日,共工撞断天柱、嫦娥奔月等传说就体现了人类要了解宇宙奥秘、探索日月星辰的强烈愿望。随着科技的进步，人类几百年前终于知道了自己生活在一颗星球上，这个星球处于浩瀚无比的宇宙中。

我们生活的星球——地球，是太阳系八大行星家族中的一员，围绕太阳这颗黄矮星运行。虽然太阳对我们很重要，但它也是螺旋状的银河系里无数恒星中的一颗，银河系中共有约1亿颗这样的恒星。所以说宇宙之大穷尽想象。白天，我们能够看到太阳；夜晚，闪耀在夜空中的星星，实际上就是银河系中的其他恒星。尽管银河系已经很大了，但它也是由几十个星系组成的本星系群中的一员。而本星系群又是更大的星系团中的一小部分而已。所有这些行星、恒星、星系组成了宇宙。

地球的起源、地球上生命的起源和人类的起源，被称为地球科学的三大难题，尤其是地球的起源，西方人长期以来信奉"上帝创造世界"的宗教观念，认为是上帝创造了世界和万物，随着哥白尼、伽利略、开普勒和牛顿等人的发现，神创说被彻底推翻，之后开始出现各种关于地球和太阳系起源的假说。

1686年，伟大的科学家艾萨克·牛顿爵士完成了科学巨著《自然哲学的数学原理》，在这部巨著里，牛顿除了提出了经典力学的牛顿三定律、微积分的原理，还通过他提出的万有引力定律对我们的太阳系行星运动规律做出了准确的解释。人们认识到地球之所以围绕着太阳日复一日、年复一年不停地旋转，而没有漂移到宇宙中，靠的是太阳和地球之间的万有引力。但是，地球一开始是怎么转动起来的，牛顿也想不出答案。于是他只好把原因归结到上帝身上，认为上帝推了地球（还有其他行星）一把。这就是所谓的第一推动力之说。

生态文明启示录
危机中的嬗变
SHENGTAI WENMING QISHILU
WEIJIZHONG DE SHANBIAN

德国哲学家康德 1755 年提出了关于地球起源的第一个假说，康德的设想是这样的：由较为致密的质点组成凝云（星云），凝云相互吸引而成为球体，又因排斥而使星云旋转。这是地球科学研究史上最早的星云学说。

1796 年，法国数学家、天文学家拉普拉斯提出了行星由围绕自己的轴旋转的气体状星云形成的学说。拉普拉斯认为星云因旋转而体积缩小，其赤道部分沿半径方向扩大而成扁平状，之后从星云分离出去而成一个环，一个很像土星的光环。而且环的性质是不均一的，物质可聚集成凝云，发展为行星。按相同的原理和过程，从行星脱离出来的物质形成卫星。拉普拉斯的假说既简单动人，又解释了当时人类所认识的太阳系的许多特点，所以拉普拉斯的假说统治了整个 19 世纪。

现代星云说认为太阳和地球等行星都是由原始星云聚集而成

后来，前苏联天文学家费森柯夫认为太阳因高速旋转而形成梨形、葫芦形，最后在细颈处断开，被抛出去的物质就形成了行星。

抛出物质后太阳缩小，旋转变慢；一旦旋转加快，又形成梨形而再一次抛出一个行星。因此而逐步形成太阳周围的八大行星。而科幻作家、物理学家斯坦利·施密特在他的小说《罪恶之父》中则提出了一个大胆、新奇的设想，太阳在参加银河系的转动中，在穿越黑暗物质时俘虏了一部分尘埃和流星的固体物质，从而在其周围形成粒子群。后来在太阳引力作用下围绕太阳做椭圆运动，并与太阳一起继续在银河系的漫长运动行程，于是最终由粒子群发展为行星和彗星，而有些则形成流星、陨星。

除了上述猜想地球诞生的学说之外，还有其他形形色色的假说，比如英国天文学家金斯也认为地球是太阳抛出的。而且他以自己的观点猜想了整个太阳系的形成过程。他认为某个恒星从太阳旁边经过时，两者间的引力在太阳上拉出了雪茄状的气流，后来气流内部冷却，尘埃物质集中，而凝聚成陨石块，从而逐步凝聚成行星。由于被拉出的气流是中间粗两头细（雪茄状），所以大行星在中间，小行星在两端。

随着人类科技不断发达，进入宇宙时代，人们发现行星和卫星上有大量的撞击坑。1977年，天文学家肖梅克提出"固态物质的撞击是发生在类地行星上所有过程中最基本的"，并在此基础上提出了宇宙撞击和爆炸的假说。肖梅克认为这种撞击是分等级的，比如第四级的撞击形成月亮这样的卫星。宇宙撞击和爆炸的具体过程是：一个撞击体冲击原始地球，引起爆炸，从而围绕地球形成一个包含着气体、液体、尘埃和"溅"出来的固体物质所组成的带，最初是蝶形的，后来因旋转的向心力作用而成球状，这就是原始的地球。无论是何种假说，如今都没有能够确切地说明地球是如何诞生的。不过我们相信，随着天文科学的发展，地球起源之谜一定会被揭开。

地球生命的诞生

46亿年前刚诞生的地球与我们今天的世界大不相同。这颗行星最开始是一个燃烧着的巨大球体,它与多个小行星互相碰撞,释放的能量使地球变暖。科学家认为,当时的地球表面炙热而且多岩石,雷电活动频繁,火山时有爆发,黑色的烟云和气体直冲上天。

原始地球爆炸不断

地球在形成之初是非常热的,大约2000摄氏度,在这样的高温下即使是铁也是液态的。于是较重的金属铁下沉,形成了我们星球的内核,较轻的气体上浮形成了早期的大气。经过一亿多年的冷却,大气中的水汽冷凝成了液态水，分布在地球表面。此时地球表面温度可能超过100摄氏度，而地球表面气压较大，高压下水可能为液态，空气中也弥漫着大量的水蒸气。地球上的水怎么来的，有这样的三种说法：第一种认为水在地球形成时就有了。地球形成之初，到处是喷发的火山，今天的金星依然如此，火山的喷发不仅形成了早期的岩石地壳，也带来了大量的水分，起初弥漫在空中，后来渐渐冷却形成了原始的海洋。第二种观点认为地球上的水来自于外太空，在太阳系形成时，水分子在离太阳较远的地方形成冰核的彗星，撞到地球上给地球带来了水。第三种观点认为地球上早期生命的硫化反应，将大气中丰富的二氧化碳和硫化氢转换成了水、硫和甲醛，否则无法解释早期大气中那些二氧化碳和硫化氢去了哪里。无论如何，有了水就有了生命。今天我们在寻找外太空生命时，首先要找的就是在哪里有液态水。

几亿年后（距今38亿～42亿年），大量的液态水逐步汇聚形成海洋。最初的海洋里，海水不是咸的，而是酸的。地表的水分不断蒸发，形成降雨又回到地面，把陆地和海底岩石中的盐分溶解，不断汇集到海水中。经过亿万年的积累融合，才变成了大体均匀的咸水。最初的地球上只有一个大洋，可以称之为泛大洋；而陆地也都连在一起，称为泛大陆，它的周围是大片的海洋。今天的七大洲四大洋是在很晚随着泛大陆逐步分裂、漂移才形成的。到这时，宇宙中终于有了一个美丽的蓝色星球，至今我们都不知道是否还有第二个。

| 生态文明启示录 | SHENGTAI WENMING QISHILU |
| 危机中的嬗变 | WEIJIZHONG DE SHANBIAN |

地球从一个大火球到今天我们生活的岩石地球的形成过程

地球早期的大气中没有氧气，也没有臭氧层，紫外线可以直达地面，因此生命只能出现在海洋里，靠海水保护。过了两亿年，地球上出现了最早的单细胞生物古菌，再过了两亿年，出现了能够进行光合作用的单细胞微生物，这时距今仍有36亿年之遥。古菌等原始生命的出现慢慢地消化了大气中包括硫化氢在内的各种有害物质，并且通过光合作用释放出氧气，这样就逐渐形成了类似今天的大气成分，适合各种浮游生物、鱼类、爬行动物和包括人类在内的哺乳动物的生存。在经历了漫长的10亿年后，地球岩石地壳和地幔趋向稳定。自地球诞生之日起到形成低等生物可以生存的环境，过去了近20亿年，几乎占到地球历史的一半。这个环境一旦遭到破坏，恢复起来也是极其漫长的。

又过了大约7亿年，地球上才出现了第一个结构复杂的微生物——有细胞核的单细胞原生生物，再过8亿年，出现了多细胞的生物，这时距今只有10亿年了。大约在距今6亿年前的古生代，海洋里出现了海藻类的植物和海绵这样的多细胞动物。大量海藻在阳光下进行光合作用,为地球的大气层提供了大量氧气,形成地球上富氧的大气层。我们地球上的氧气是从原生生物开始,经过了几十亿年的积累才形成的。5.4亿～4.9亿年前,地球进入了寒武纪。寒武纪这个词是日本人根据英语Cambria(英国的地名)翻译过来的,虽然名字中有个"寒"字,但是其实气候并不冷,反而很暖和,在这个时期地球上的物种开始出现多样性,很多新的物种诞生了(史称"寒武纪大爆发"),而地球的海洋才开始称得上是丰富多彩。

当地球大气中的氧气越来越丰富时,就形成了臭氧层,臭氧层可以保护地球上的陆地免受紫外线的直接照射。此时,生物才能够开始登上陆地生存。到了4亿年前的志留纪,最古老的陆地植物裸蕨类植物和苔藓出现在潮湿的陆地。不过那时的陆地比今天任何荒凉的地方都更荒凉。在海洋里,虽然生物的种类丰富多彩,但是大都固定在浅海的海底。又经历了几千万年,地球进入了泥盆纪(距今4.2亿～3.7亿年),地球上出现了昆虫和早期的鱼类,鱼类的诞生标志着地球上有了脊椎动物。同时陆地上出现了大量的蕨类和早期的裸子植物(今天常见的裸子植物包括松柏、银杏等)。在接下来的几千万年里,出现了松树这类高大的裸子树木,鱼类成了海洋的主人,青蛙这样的两栖动物开始登陆。

到了距今2.5亿年的二叠纪末期和三叠纪初期,一场大灾难降临地球,95%以上的物种都灭绝了,其中的原因至今不详。不过在这之后,很多新的物种诞生了,包括现代的鱼类、早期的爬行类动物。

此时,也就是距今2亿～1.5亿年,地球进入了侏罗纪,恐龙和其他爬行动物成为地球的主人。看过科幻电影《侏罗纪公园》的读者应该能想象这个时期的情形。但是更值得一提的是,哺乳动物的祖先——兽孔目也在这时出现了。兽孔目的毛发、乳腺和直立的四肢与今天的哺乳动物很相似。

至于在侏罗纪和后来的一亿多年里，为什么是爬行类动物而不是更高级的哺乳动物主宰世界，古生物学家有各种各样的解释，其中让人信服的说法是恐龙能够站立的强劲后腿使得它们方便觅食和观察周围的环境。相比之下，兽孔目动物有点像老鼠或猪，是低头趴在地上的。

在植物界，出现了被子植物，也就是我们今天所见的大部分花草树木，地球上第一次出现了鲜花。

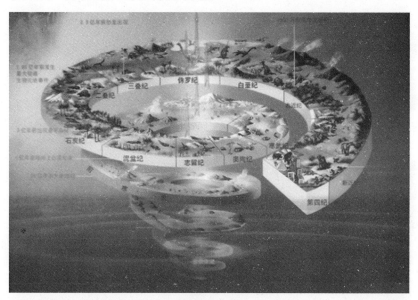

地球生物演化史

侏罗纪时代，恐龙统治地球长达1.6亿年，不仅比我们人类，也比哺乳动物统治地球的时间要长得多。但是在白垩纪的末期，距今约6500万年前，灾难再次降临。大多数的说法可能是一个小行星撞到了今天墨西哥的位置，大量的尘埃抛向天空，形成遮天蔽日的尘雾，气候骤冷，植物的光合作用也暂时变缓，茂密的蕨类植物森林消失。作为不能恒温的冷血动物，又没了食物，恐龙可以说是饥寒交迫，终于灭绝了。关于恐龙灭绝的说法不下 20 种，只是小行星撞地球的说法证据最充分而已。但恐龙的一些近亲（比如鸟类）和更远的亲戚（比如鳄鱼）却存活了下来。而可以保持身体恒温且体积较小的哺乳类动物则开始成为这个星球的主宰。

也就是在这个时期，出现了灵长类动物，这些动物早期只有老鼠大小，外观和今天的猴子颇为相像。又经过 4000 万年，我们人类的祖先古猿才出现，这时距今已有 1500 万年。又过了 800 年，灵长类人属的古猿才和黑猩猩分开。到了距今 350 万年时，真正被称为"人"的动物——肯尼亚平脸人出现了。在此之后的 300 多万年，我们的祖先现代人最终在适者生存的丛林法则中胜出，开始了今天的文明。

如果把地球的历史浓缩到一年中，我们就可以得到下面这张表：

地球生物进化浓缩表

日期	距今天的时间（年）	大事
1月1日	45.3 亿	月亮形成
1月11日	44 亿	液态水形成
1月底	38 亿～42 亿	海洋形成
2月初	40 亿	超分子出现
2月底	38 亿	古菌出现
3月中	36 亿	光合作用的细菌出现
7月初	18 亿	复杂的单细胞出现
9月中	10 亿	多细胞生物出现
11月中	6 亿	海藻和海绵出现

日期	距今天的时间（年）	大事
11月下旬	5.4亿	寒武纪生物大爆发
12月初	4.2亿	脊椎动物出现
12月中	2.5亿	三叠纪生物大灭绝
12月中	2.3亿	恐龙出现
12月15日	2亿	被子植物出现，恐龙主宰地球
12月26日	6500万	恐龙灭绝，哺乳动物兴起
12月30日	1500万	古猿出现
12月31日17点	350万	人类出现
12月31日23点30分	25万	现代人出现
12月31日23点52分	7万	现代人走出非洲
12月31日23点56分	3万	人类成为地球的主人
12月31日23点59分	1万	文明开始

宇宙的奇迹——地球

数千年来，人类对自己居住的这个世界产生过各种遐想，编织过许多美丽传说。人类终于知道自己生活在一颗不大的星球上，也只是近几百年的事。当人类跨入宇航时代并步入太空后，才有机会俯视这颗星球的全貌。地球表面的3/4被水覆盖，蓝色海洋与蜿蜒相接的大陆板块美景交汇，飘逸变幻的白云环绕其上，堪称宇宙间最美丽的天体。它侧着身子，以一年为周期，不停地围绕着太阳运转，于是，地球出现了春、夏、秋、冬四季周而复始的变化。

当人类又进一步了解宇宙及太阳系后，不能不感叹地球生命的诞生简直是个奇迹。

首先，地球处于银河系和太阳系中的最佳位置。在大宇宙和太阳系运行规律的"特殊安排"下，地球不偏不倚、恰好置身于一个适宜孕育生命的运行轨道中，它如果向内或向外偏离一点点，都不可能有生命存在。正如天文学家们测算的那样：地球的平均直径约为12742公里，如果地球直径再多出1%，即等于或大于12883.56公里，那么包围地球表面的大气圈会有更大的重量，人类的身体也将承受超过一个以上的大气压力，氧气会变得稀薄，不适于人类呼吸；如果地球的直径再减少1%，就会导致二氧化碳的增多，人类和大多数动物就无法生存。地球与太阳的距离约1496亿公里，如果这个距离拉近1%，阳光会烤干地面上的一切；若使距离增加1%，地球就变成了一个硕大的冰球。

在太阳系的运行规律下，地球恰好置身于一个适宜孕育生命的运行轨道中

其次，地球有一个极为重要的"忠诚"伴星——月亮。从月球与地球的体积比例上看，地球对月球的引力刚好等于月球转动产生的离心力加上太阳对月球的引力之和。奇妙的宇宙运行定律造就了这奇妙的"地月系统"。月球平均每 30 天绕地球一周，正好能调节生物与人的生理变化，有利于孕育生命。月球与地球之间 38 万公里的平均距离更是恰到好处：如果这个距离小一点，在引力作用下，地球上所有的海水将以波浪滔天之势涌上陆地，淹没陆地，人类将无立足之地。

地球会孕育生命的第三个奇迹来自她的合理构造。地球被厚厚的大气圈温柔地包裹着，正好过滤掉太阳的紫外线，保护着人类和一切生物的安全、健康生长。空气中氧氮的比例恰到好处。氧气是助燃气体，氮气是惰性气体。如果空气中的氧气超过 21%，大气中便极易引发大火，岩石圈中的金属元素也会被氧气化合；若低于 21%，氮气浓度相对偏高，生物也难以生存。地壳的岩石圈厚度也精准到不能再精准，若再加厚几米，空气中的氧气就全被用作制造地壳了，这样一来，氧气必然稀缺，必然会遏制生命的产生和生物的进化。而且，若地球自转速度再加快一点，恐怕人类也无法适应。

这就是我们美丽、神奇的地球，她是宇宙不可思议的杰作，是独一无二的天之骄子。天文科学家们前不久设计了一种新的算法来模拟星系和行星在大约 138 亿年来是如何形成的，并生成了一份关于类地行星"宇宙清单"，科学家认为，地球的形成和位置其实是一个"不可能发生的事件"。研究人员在他们的研究论文中这样写道："我们不得不承认的一点是，我们最终是因为一次不可能的彩票而生存了下来。而到目前为止，我们对这张彩票还有许多不了解的方面。"

千百年来，仰望繁星点点的太空，人类总在猜想：宇宙中只有地球上有生命吗？其他星球上还有没有我们的伙伴？是啊，地球只是太阳系里的一个行星，而像太阳这样的恒星，银河系里就有20亿个。半径只有6300多公里的地球，在浩瀚的宇宙中，就像沙漠里的一粒沙子，非常非常得渺小。宇宙之广不可想象。那么，怎么可能不存在其他有生命的星球呢？是的，也许未来会发现，但科学家告诉我们，地球是目前所知宇宙中唯一一颗有生命的星球，至少在以地球为中心40万亿公里的范围内，没有适合人类居住的第二个星球。人类运用现代科学技术进行了"外星人"的大量探索性研究，迄今为止，还没有确切的资料能证明其他星球存在生命，更没有证实生命系统及外星人。而所谓的UFO，少数是自然现象，绝大多数是某些国家绝密的军事试验装置，如解密的美国51号地区，就是曾认为捕获了外星人的秘密关押场所，其实是实验尖端武器装置的军事基地。

也就是说，我们目前还不能指望有机会移居到别的星球上去。2015年7月24日零时，美国航天局宣布了一个激动人心的新消息，天文望远镜发现了迄今最接近"另一个地球"的系外行星——Kepler-452b，并兴奋地表示，这是人类在寻找"另一地球"道路上里程碑式的发现。然而，困难之处在于，Kepler-452b距离地球实在太远了。这段旅程，光要走1400年，按照现有的技术水平，人类要走5亿多年。这意味着迁徙到另一个"地球"上生活是不可能的任务。我们没有别的选择，从目前来讲，人类只有一个地球。

生物圈有"天网"

当我们漫步在林间花丛，畅游在大河大江，攀登在高山之巅，可曾意识到，这眼中所见的自然万物都是地球独有的赐予。这是一个千姿百态、生生不息的世界。不管是冰天雪地的南极，还是烈日炎炎的热带；不管是干旱焦渴的沙漠，还是碧波万顷的海洋；不管是地层深处，还是千米高空，处处都可以看到生命的足迹。据统计，地球上曾生存过5亿～10亿种之多的生物，然而，在地球漫长的演化过程中，绝大部分都已灭绝。现存的植物约有40万种，动物110多万种，微生物10多万种。我们人类和这些生物共同生活在地球岩石圈的上层部分、大气圈的下层部分和水圈的全部，范围大致为地面以上23公里的高空，地面以下延伸至12公里的深处。这构成了地球上一个独特的圈层，称为地球生物圈。我们绝大多数人大概一辈子都在这个区域活动，这就是我们人类的绿色家园。

生物圈之所以成为生物圈，首先有赖于地球上充足的阳光和水，适宜的温度，还有生命所需要的氧气、二氧化碳、氮、碳、钾、钙、铁、硫等营养元素。在这些基本条件下，生命物质与水圈、大气圈、岩石圈又经过几十亿年的长期相互作用，才形成了今天万物相生相克、不断循环进化的生物圈。

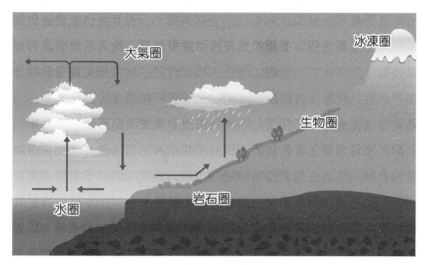

生物圈示意图

在生物圈里，一切有生命存在的地域都是一个生态系统，大至一片森林、一片草原、一个城市，小至一个池塘、一条河流都是一个个生态系统。这千千万万、大大小小的生态系统都在参与着一个个循环运动和能量流动。

生物圈里的植物、动物和微生物在这个能量流动中扮演着重要角色。我们知道，植物可以利用太阳能和其他的生命元素合成有机物，我们把它叫做植物的光合作用。到现在为止，自然界只有植物具有这样的性质。地球上其他的生命包括人类、动物和其他所有生物都是靠植物光合作用生产的碳水化合物来维持生命的。植物作为生产者，通过光合作用把生命元素生产为碳水化合物，供动物包括人消费，消费完之后废物由微生物转化、分解，把来源于环境的物质再复归于环境。在这个循环过程中，植物是生产者有机体，动物是消费者有机体，微生物是转化者有机体，它们共同构成一个生命系统的大循环。我们说保护自然，保护生态平衡，就是要保护这个大循环。

这个循环转化的法则存在于整个自然界，万物都有去向，一切都在充分循环利用之中。所以说，自然界原本是没有垃圾和多余的物质的。地球上大大小小的生态系统，通过这样的循环流动构成一个庞大的、复杂的、全球性的开放的生态系统，这就是地球生物圈，或者说地球就是一个超级大的生态系统。

如果没有外力的强烈干扰，地球生物圈的能量流动和物质循环能够在很长时间里平稳运行，系统内的能量输入与输出保持着平衡。生态平衡的状态下，生物生命才能很好地生存、繁衍；平衡一旦被打破，生物生命就将面临难以存活的厄运。更专业些来讲，当生态系统内生物与环境、各种生物之间，在长期的相互作用下，生态的种类、数量及其生产能力都达到相对稳定的状态时，系统的能量输入与输出达到平衡；反过来，只有能量达到平衡，生物生命活动与系统运行也才能相对稳定，这种稳定状态就叫做生态平衡。这是自然界铁的法则。

生物圈内万千生物相生相克的食物链条，编织成了一张"天网"，维护着无数生态系统单元的物质循环、能量转化和信息传递。各种生物通过一系列吃与被吃的关系彼此联系起来，就好像环环相扣的链子一样，这种关系就叫做食物链。雕捉蛇吃，蛇捉鼠吃，鼠吃浆果，它们之间就构成了一条食物链。生态系统中的所有生命，都是食物链中不可缺少的一部分。"大鱼吃小鱼，小鱼吃虾米，虾米吃泥巴"，这是池塘生态系统中的食物链。"螳螂捕蝉，黄雀在后"，这是丛林生态系统内动物间的食物链。事实上，食物链并不限于简单的直线形式，许多动物在食物链上不止占有一个位置，有的既吃植物也吃动物，而它们又被不同的消费者所食用。相比于陆地，海洋的食物链更加错综复杂，更像一张巨大无比的"天网"。陆地生物的活动范围受地域性限制较多，比如，习惯了热带草原捕猎的狮子，几乎不大可能去到高寒密林中捕食。而海洋占地球表面积的70%多，而且大洋海水连成一体，地域性较为松散，深海动物偶尔也会到海洋浅水或陆地淡水"串门"。所以，海洋食物链的"天网"更加宏大、复杂。

生物圈每条食物链都不是孤立存在的，它们相互交织、连接，构成了一张物质循环和能量转化的"天网"。消失一个或多个"网结"，就意味着灭绝一个或多个物种。如果没有北极熊，北极狐就失去了主要的食物来源，因为北极狐有时会吃北极熊吃剩下的肉。北极熊消失会带来北极狐的消失，就会造成一条生物食物链的断裂；断裂越多，灭绝的生物也就越多，这意味着生物圈在退化、崩溃。食物链是多方向的、复杂的，有些食物链甚至能从一个洲延伸到另一个洲，例如通过飞鸟，就能构成这种洲际食物链。DDT是一种杀虫剂，原在温带和热带国家中使用，但科学家却在南极企鹅的脂肪组织中发现了DDT。虽然其传播方式还不太清楚，但这一事实表明，在全球范围内，生物圈系统已被连成一个巨大的网络。我们人类也是生物圈中的一员，人的生存离不开生物圈的健康、繁荣。保护生物圈就是保护我们人类。

让我们把目光再放远些，生物链之外的，生物圈还有一个同样奥妙无穷的庞大复杂的"天网"：地球磁场阻止着太阳风对地球的致命干扰；大气层遮挡着太阳紫外线的直射，保护着地球生物的健康；占地球表面3/4的海洋形成的大气环流控制着地球的大气候；地球南北极的雪原、冰川储存着几亿立方千米的淡水，赤道海洋的温暖环流像巨大的天然空调，二者制动着地球气候四季温度均衡；广袤的森林平衡着大气中氧气和二氧化碳的比例，使人类不致缺氧，使海水的酸碱度正反相宜；地壳下面滚滚的热流不断向大地传导，使生物圈春风化雨，万物竞生。

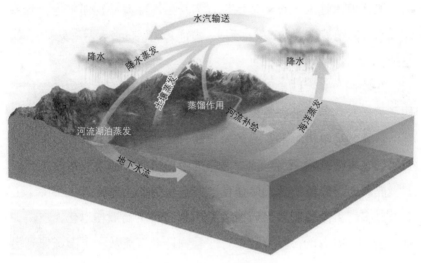

生物圈水循环图

看起来一切像是造物主精心的设计，但事实并不那么简单，生物圈这个不可思议的运行系统是由全球千千万万、大大小小的生态系统互相制衡、互相作用，经过几十亿年的调节和进化才得以形成的。它们像一张张恢恢"天网"保护着地球生命安全、有序地生长、进化。

自然界有智慧

哲学家康德说:"有两种东西,我们对它们的思考越是深沉和持久,它们所唤起的那种越来越大的惊奇和敬畏就会充溢我们的心灵,这就是繁星密布的苍穹和我心中的道德律。"当我们为生命的诞生、为人类的创造而惊奇的时候,大自然那无与伦比的智慧更让我们震撼和敬畏。

我们今天的仿生学(Bionics),就是从学习自然智慧中得来的,我们通过模仿生物的特殊本领掌握了许多高科技。

人类从蜘蛛那里学会了结网,学会了张网捕鱼,并从最初的网衍生出无数有形和无形的网,公路网、铁路网、航空网、法网、关系网、通信网、互联网——天罗地网。蜂巢是让人类汗颜的杰作,蜜蜂没有学过建筑学,也没有人类那么复杂的大脑,可它们却造出了既省材料、面积又大又坚固的"建筑"。科学家正是模仿蜂房的结构,找到了适合人造卫星的比较理想的结构。现代的照相技术也受到蜜蜂的启发,在蜜蜂头部有一对奇异的复眼,每只复眼都由6300个眼构成,光进入眼晶体,到达感光细胞,如同照相机的全过程。专家们模仿蜂眼的构造,制成了一种先进的"蜂眼"照相机,一次可拍下1000多张照片。"燕子低飞行将雨,蝉鸣雨中天放晴。"生物的行为与天气的变化有一定关系。沿海渔民都知道,生活在沿岸的鱼和水母成批地游向大海,就预示着风暴即将来临。水母,又叫海蜇,是一种古老的腔肠动物,早在5亿年前,它就漂浮在海洋里了。这种低等动物有预测风暴的本能,每当风暴来临前,它就游向大海避难去了。仿生学家仿照水母耳朵的结构和功能,设计了水母耳风暴预测仪,能提前15小时对风暴作出预报,对航海和渔业的安全都有重要意义。莲不仅"出淤泥而不染",连水珠都不沾。德国科学家在显微镜下,发现莲叶的表皮上有无数乳凸状的颗粒,把炭粉撒在莲叶上,用水一冲,莲叶洁净如初。他们仿照莲叶表皮的性质制作出了一种具有"自洁性能"的薄膜,用于车辆和建筑物表面,一场雨或一阵风就可以清除浮尘,从而节省了许多人力。飞机机翼晃动剧烈,科学家们从蜻蜓翅膀末端的一块比周围略大一些的厚斑点得到启示,从而解决了飞机机翼因剧烈抖动而破裂的问题。人类还通过蜜蜂筑巢、蚂蚁觅食等群体表现出来的智能,学会了智能计算。

没有飞鸟,人类就无法造出飞机;没有游鱼,人类就不可能制造出潜艇。蜜蜂整齐划一的蜂巢,让世界上最优秀的建筑师都感到惭愧;蝙蝠在完全无光的情况下,飞行自如;飞燕秋去春来,千里迢迢,从不迷失;苍蝇从不讲究卫生,却不生病……任何生物都蕴藏着人类难以完全揭晓的很多秘密。

人类通过对自然界生物的观察,得到了许多启示,从而创造了雷达、飞机、医药……大自然对人类的启发和人类对大自然的探索使我们的社会得到了进步与发展。

我们必须承认,自然界的智慧还远远超过了人类。地球生态系统进化几十亿年没有生态危机,就得益于自然界的智慧。

大自然可以通过自己的力量和方式来控制和维系着生物圈的生态平衡。这是一个奇妙的事情。以食草动物和食肉动物为例,它们的数量总是保持着某种合理的比例。不仅如此，当某种生物繁殖得过快，其数量超过周围环境的承受能力时，就会自动地减少自己的数量。相反的事例也屡见不鲜，比如鲸鱼，当它们的数量明显减少时，就会自动地提前性成熟的时间，也就是说，它们会自动提前结婚，尽量地多生孩子。

在草原生态系统中，相对于羊来说，狼是绝对的强者，但在人类过度放牧之前，草原上的狼从来都不可能吃光所有的羊。相反，一个草原上狼多的时候，往往正是羊多的时候。其实这不难理解，狼以羊为食，狼大量捕食羊，造成羊的数量大量减少，狼的数量也会随着减少；当狼的数量减少到一定程度，羊由于天敌减少而数量回升；羊的数量回升，造成狼的食物充足，狼的数量也会回升；当狼的数量回升到一定程度时，羊的数量又大量减少。羊和狼之间由于物质和能量的输入和输出之间达到了相对稳定的状态，才能保证两者的数量在一定范围内变动，从而保持相对的动态平衡。这就是大自然的"调控智慧"。

自然界有智慧，也有规则。多大地方能养活多少人，这是有一个规定范围的。如美国历史地理学家房龙所说："我们的家园是美好的家园。它赐予每个人丰富的食物，使人们免受饥饿之苦。它给予人类大量的岩石、泥土和森林，让每个人都可以用这些东西建造遮风避雨的住所。……但是，大自然有大自然的法则。这些法则既是公平公正的，又是严酷无情的，而且这里没有可上诉的法院。大自然慷慨地给予我们无穷的恩泽，毫不吝啬，作为回报，它也要求我们学习并遵守它的法则。在一片只能放养 50 头牛的草地上放养 100 头牛，就会引发灾难——这是每个牧民都懂得的常识。100 万人居住在原本只能容纳 10 万人的地方，势必会造成拥挤、贫穷和不必要的痛苦,然而,这一事实显然被那些主宰我们命运的先驱忽略了。"

违背大自然法则的后果就是生态失衡。但是,当一个平衡世界被打破,自然界的重建和自我修复能力也是惊人的。这种现象在我国及其他国家的生态修复中早已屡见不鲜。

一块草地能放养多少牛羊是有一个数量范围的,过度放牧使草地变荒漠
李洲　摄

我国内蒙古锡林郭勒盟正蓝旗下辖的巴音胡舒嘎查,在20世纪八九十年代由于过度放牧,4万亩草地成了一片寸草不生的荒漠,草场沙化,水淖干涸,动物逐渐离开,只剩下了狐狸。2000年,中科院启动了西部行动计划的治沙项目,中科院与正蓝旗进行合作,对巴音胡舒的4万亩沙地进行治理。他们按传统方式设计了一层层防护林带,种了柳树、榆树,也采用飞播的手段在流沙上撒山杏、沙柳、沙棘种子,但均宣告失败,种植的树林几乎都没成活。2001年起,他们改变做法,将草场围封禁牧,令其自然修复。历经十年的"无

为而治",草场再现风吹草低见牛羊的景象。参与治沙行动的科学家感叹道:"自然的力量比科学家的力量更大!"

"洪湖水浪打浪",一曲电影《洪湖赤卫队》的主题歌使长江中游的洪湖闻名于世。20世纪90年代以来,由于周围生活和工业污水的肆意排放,致使水质下降,生物锐减,水鸟水禽飞离。2004年年底,湖北省展开抢救性整治,关闭污染企业,封湖禁渔禁猎。两年后,洪湖湿地迅速恢复,重现美丽姿容,碧波荡漾,水草丰茂,水鸟归来。

许多成为不毛之地的沙漠荒碱地、被大火化为灰烬的森林,在排除人为干扰和破坏后,要不了多少年就会很快恢复。

大自然强大的自我修复再生能力来源于它十几亿年的"修炼"。生物圈的生态系统是由亿万种生物经过亿万年的繁育、进化、组合、更替而形成的。这亿万种生物至少经过了5次地球生物大灭绝和无数次其他气候、地质、环境剧烈变化的严峻考验,灭了再生,生了再灭,旧物种死去,新物种诞生,这样一代又一代延续下来,通过基因、体态、功能的变异,增强了对环境的适应能力和耐受能力。据科学考察研究,有些植物与空气、阳光、水等生命要素隔绝几十年、上千年,一旦置身于适宜的环境,仍然能够生长、繁育。美国《纽约时报》网站2012年2月20日报道,俄罗斯科学家用3.18万年前的一种小型北极窄叶剪秋罗属开花植物果实中称为"胎盘组织"的遗传物质,种出了整株植物,还开出了白色花朵,而且具有繁殖能力,可以产生种子。现在能够发现的寿命最长的生物是一种在海底沉积物中生存的叫做玛士撒拉虫的微生物,据研究已经繁衍3.5亿~26亿年。只要有坚强的植物,有永恒的太阳,植物就能将太阳能经光合作用转化为有机能,有机能再形成生物链(食物链),多层次的生物通过生物链生存、发展。因为整个地球生物圈是一个整体,一切生物都能通过风流、水流和飞禽、蜂蝶等进行广泛密集的信息交流和种子移动，万物相依相生，能量循环流动，生命得以重生。

大自然的法则和力量是不以人们的意志为转移的。大自然的一切运转，全有赖于差异和平衡，一旦失衡，则会出现大自然的动荡，也就是我们人类的灾难。我们之所以说大自然美妙，就是大自然的平衡达到了最佳状态，让生命有了稳定的依托。

人也是自然界的一部分，其实我们人类也在无意识中接受着大自然的某种生态平衡的调节。一个有趣的现象是，为什么中华民族长久以来的重男轻女观念，没有带来特别严重的男女比例失调？为什么"二战"中死亡几千万士兵，也没有造成男女比例失调？有人则根据一组数据这样解释：由于男女生理和担当家庭和社会角色的不同，使得女性比男性长寿。所以，老天就安排每出生100个女孩的同时生出105个男孩，而当男孩长大后比例却正好相当；"二战"期间死亡众多男性士兵和民众，于是老天就安排在"二战"结束后，每出生100个女孩的同时生出300个男孩补亏，数十年后男女比例自然恢复平衡。

大自然的奥秘无穷无尽。师法自然，当是人类追求进步的不二法门。

环环相扣的生态系统

伟大的生物学家达尔文在《物种起源》里,讲述了一个生态学上的经典故事——"猫与三叶草"。

英国,盛产三叶草。这种草是牛的主要饲料。有着很长舌头的野蜂,则可以有效地为三叶草传授花粉。三叶草在英国生生不息就因为这里盛产野蜂。但是田鼠喜欢吃野蜂的蜜和幼虫,常常把蜂房捣毁,这样就影响了三叶草的授粉。但人们发现在乡村和市镇附近,由于养了很多猫,猫是吃田鼠的,于是那里的野蜂巢便比别处多,三叶草就长得茂盛,养牛业也就特别发达。

有位德国生物学家接着推论:三叶草是英国牛群的主要食物,而英国海军的主要食物是牛肉罐头,而三叶草之所以能在英国生长的旺盛,是因为有猫。如此看来,英国的海军能称霸世界,全亏了英国的猫。

生物学家赫胥黎做了更进一步的推论,他说,英国的猫主要是老小姐们喂养的,所以英国海军的强大,归根结底功劳在爱养猫的老小姐们。

而英国的老小姐们呢?……这笔账看来很难算得清楚了,也许到头来又会算到三叶草和猫的头上来。

这正是生态系统的特征,环环相扣,福祸相依。

1935年，英国生态学家坦斯列首次提出"生态系统"的概念。当时他的说法还不怎么引人注目。第二次世界大战中，发生了许多起破坏生态平衡的重大事件，比如使用化学武器。这使人们认识到了"生态系统"这一科学概念对于人类的重大意义，坦斯列的观点因而备受推崇。

世界上的一切相互发生着联系。所有植物和动物——包括人类都是生态系统的一部分，生态系统无处不在，它们互相影响，互相依存，缺一不可。非洲的马拉维曾发生过一件很有趣的事：在这个国家，豹会袭击农场里的牛，于是政府驱赶走很多豹。但是豹走了之后，狒狒的天敌也就减少了，导致狒狒数量激增，食物供不应求，于是它们开始偷吃农作物，由此，生态系统的恶性循环开始了。最后政府又不得不把豹子请回来。这件事情充分说明了生态系统中的所有动物都具有重要地位。动物是生态系统的一部分。当一个物种濒临灭绝时，生态系统就会受到影响。尤其是大型捕食动物更为重要，因为它们的存在可以控制其他物种的数量，维持生态平衡。

生态平衡是靠生物间的物质循环、能量流动和信息传递来实现的，其中一个环节被破坏，业已形成的循环、传递就会受阻，会导致整个系统受到伤害甚至崩溃。这就是我们通常所说的生态平衡失调。打破这种平衡的，除水灾、旱灾、地震、海啸等自然因素外，就是我们自认为无所不能的人类了。

非洲的岛国毛里求斯曾有两种独特的生物：渡渡鸟和大颅榄树。渡渡鸟是一种不会飞的鸟，身体大，行动慢，憨态可掬。幸好岛上没有天敌，它们得以在树林里筑巢孵蛋，快乐生活。大颅榄树是一种珍贵的树木，树干挺拔，木质坚硬，木纹很细，树冠秀美。渡渡鸟喜欢在大颅榄树林中生活，凡渡渡鸟居住的地方，大颅榄树也总是绿荫繁茂，幼苗茁壮。

16世纪后期，带着来福枪和猎犬的欧洲人来到了毛里求斯，不会飞又跑不快的渡渡鸟厄运降临。枪打狗咬，鸟亡蛋打，1681年，最后一只渡渡鸟也消失了。从此，渡渡鸟的形象只保存在一些博物馆和画册中了。

奇怪的是，渡渡鸟绝种后，大颅榄树也日渐稀少。到20世纪80年代，毛里求斯只剩下13株大颅榄树，曾经是茂盛成林的名贵树种，眼看就要从地球上消失了。为什么大颅榄树不再繁衍？是什么原因使它患上了"不育症"？这使生态学家深感焦虑，大自然创造一个物种要成千上万年，无论人类多么富有创造力，也难以创造出大颅榄树来。抢救大颅榄树成了一项紧急任务。1981年，英国生态学家坦普尔来到毛里求斯，希望解开大颅榄树之谜。这一年，正是渡渡鸟灭绝300周年。坦普尔测了大颅榄树年轮后发现，它的树龄正好是300年，也就是说，渡渡鸟灭绝之日，也正是大颅榄树"绝育"之时。这个巧合引起了坦普尔的兴趣，他到处寻找渡渡鸟的遗骸。这天他终于发现了一只渡渡鸟的遗骸，遗骸中还夹着几颗大颅榄树的果实。原来，渡渡鸟喜欢吃这果实。也许渡渡鸟与种子发芽有关？可怎样证明呢？世界上再也没有渡渡鸟了。吐绶鸡呢？它也是一种不会飞的鸟，让它试试。坦普尔把果实喂给吐绶鸡。几天后，几个被消化外边硬壳的种子被吐绶鸡排出体外。坦普尔把这些种子栽进苗圃，不久，它们竟长出了绿油油的嫩芽。大颅榄树重生了！

原来是渡渡鸟与大颅榄树相依为命，鸟以树的果实为生，而鸟的肠胃又为果实的种子催生，杀死了渡渡鸟，也就扼杀了大颅榄树。这个事例告诉我们：生态系统中的生物之间看似风马牛不相及，但往往却联系紧密，互为因果，一荣俱荣，一损俱损。

大自然有自己的安排，而人类的"好心干预"只能破坏这种安排。20世纪50年代，我国曾发起"除四害"运动，总吃农民庄稼的麻雀也位列其中遭到大量捕杀。麻雀是吃害虫的能手，消灭了麻雀，害虫没有了天敌，得以大肆繁殖，导致了虫灾发生、农田绝收。1906年，美国总统罗斯福为保护亚利桑那州卡巴森林的鹿群，下令捕杀肉食动物——狼，结果，失去天敌的鹿群先是大量繁殖，后又因食物匮乏、疾病流行而导致大量灭亡。

生态系统在长期的演变过程中，形成了自己相对稳定的动态平衡，随意引来的物种往往会打破这种平衡带来难以预料的灾害。

许多到澳大利亚旅游的外国人都会发现一个有趣的现象——在澳洲人的文化里，最为邪恶的动物不是大灰狼，更不是狮子、老虎，而是在外人看来活泼可爱的野兔。究竟是什么原因，使得澳大利亚人如此痛恨野兔，甚至"谈兔色变"呢？这一切，主要还是源于那场前后持续了近百年的惊心动魄的"人兔之战"。

澳大利亚原来是没有兔子的。1859年，一个叫托马斯·奥斯汀的英国人来澳洲定居，随身带来了24只野兔供他打猎取乐。澳洲土壤疏松牧草茂盛，兔子打洞做窝非常方便，却没有天敌。对兔子来说，就是个无忧无虑的天堂。于是兔子的数量不断增加，地盘也不断扩大，每年扩展的面积达100平方公里。不到100年时间，兔子们就占领了整个澳大利亚，达到75亿只。10只兔子要吃掉相当于1只羊所吃的牧草，75亿只兔子所吃的牧草相当于放养7.5亿只羊所吃的牧草。牛羊是澳大利亚的主要牲口，兔子的兴旺影响了牛羊的放牧，给这个"骑在羊背上的国家"带来了大麻烦。一场历时一个多世纪的灭兔行动开始了。各州都开始筑木栅栏。栅栏动辄上千公里，甚至数千公里。但兔子会打洞，栅栏挡不住。直到1950年，澳大利亚从巴西引入了一种依靠蚊子传播的病毒——黏液瘤病毒。科学家将这种病毒释放到蚊子身上，然后经蚊子再传染给兔子。这一招刚开始很见效，兔子数量大减，但一小部分兔子对这种病毒具有天然的免疫能力，它们在侥幸逃生后又快速繁殖起来，到1990年时已恢复到6亿只左右。整个20世纪中期，澳大利亚的灭兔行动从未停止过。

澳大利亚这场持续了百余年的"人兔之战"，被公认为人类历史上最严重的生物入侵事件。

实际上，这样的问题绝非澳大利亚所独有，我国也是受外来物种入侵灾害较为严重的国家之一。根据官方公布的数字，我国境内目前已经确认的入侵生物共有283种，伶仃岛的微甘菊、云南滇池的水葫芦、西双版纳的飞机草、正在毁掉海岸滩涂的大米草……甚至被人们当作美味的小龙虾，都是典型的入侵生物。外来入侵物种每年给我国造成的经济损失达574亿元人民币。

生态系统中的各种生物互相依赖，互相影响，因此，人类干预生态系统必须慎之有慎。爱因斯坦的相对论也曾揭示了这样一条警示性哲理：地球生物圈越是具有活力，她可能就越是脆弱，就更需要关爱与珍惜。呵护地球生物圈，是全人类责无旁贷的义务和责任。

我们人类作为生物，本身就是生态系统的一员，我们的生存、发展、繁荣都依赖于健康的生态系统及其提供的服务。如果人类把生态系统的其他成员都斩尽灭绝了，那么人类自身也就不存在了。生态系统一旦崩溃，往往需要几百年甚至几百万年的时间才能修复。这个时间对地球来说只是一瞬，但对于人类来说那可能就意味着毁灭。我们说"保护地球"，其实是保护人类自己，地球用不着我们保护，它有的是时间去自我修复，我们需要保护的是我们人类自己。

| 生态文明启示录 | SHENGTAI WENMING QISHILU |
| 危机中的嬗变 | WEIJIZHONG DE SHANBIAN |

四川西昌的邛海

福建永定客家人居住的土楼

贵州黔东南一带的乡村

贵州松桃县的生态观光茶园

云南泸沽湖边

人与自然和谐共生美景。李洲摄

到目前为止人类只有毁灭地球的能力而没有重建地球生态系统的能力。人类生产的核武器可以毁灭地球很多次，但人类还不能创造出一片适合生存的空间，更不用说在毁灭地球后再重建了。

出于对人类生存忧患的考虑，1991年，科学家在美国进行了一项"生物圈二号"的实验。在美国亚利桑那州图森市以北的沙漠中建起了一座全封闭式人工生态循环系统，研究在仿真地球生态环境的条件下，人类能否生存。"生物圈二号"面积相当于3个足球场大，来自美国、英国的生物学家和生态学家以地球南北回归线间的生态系统为样板，设计了5个野生动物群落和两个人工生物群落，引入动物、植物、微生物4000多种。"生物圈二号"的设计寿命100年，科学家们希望人在这个系统中能实现长期生活。但18个月过后，该系统就严重失去平衡，宣告失败。由数名科学家组成的委员会对实验进行了总结，得出一个重要结论：用科学技术圈代替地球生物圈是不可能实现的。

位于美国亚利桑那州图森市以北的 "生物圈二号"实验基地

地球生态系统不可能人工造就。在还没有第二个地球可供我们挥霍的情况下，我们人类目前的选择只有一个，那就是保护好地球，保护好地球的生态系统。良好的生态系统是人类生存繁衍、经济社会可持续发展的基础。

生物圈的几大主角

地球生物圈的自然生态系统星罗棋布，大致分为地球表面的陆生生态系统、水生生态系统和地球表面以上的大气系统。本节只介绍真正对生物圈起主干支撑作用的几大生态系统，主要是大气、海洋、森林、湿地、河流、草原、沙漠生态系统，它们就像人体的不同器官一样，各司其职，维系着地球母亲的生命与健康。

一、大气：地球的"肌肤"

大气层又称大气圈，是因重力关系而围绕着地球的一层混合气体，是地球最外部的气体圈层，包围着海洋和陆地。大气层保护着地表避免太阳辐射直接照射，尤其是紫外线，也可以减少一天当中极端温差的出现，是地球上一切生命赖以生存和进化的基础环境条件，也是人类和地球生物的"保护伞"。

大气是由多种气体混合而成，其中氮气最多，约占78%，其次是氧气约占21%，其余为氩、二氧化碳、臭氧、水汽等微量气体。大气中各种气体的含量比，是在几十亿年中形成的，只有这样的比例才能保持大气对生命的稳定保护作用。任何一种气体成分含量的变化——变化幅度超出或低于其含量的上限或下限，都将引发大气系统的功能失常，影响生物圈的平衡状态。温室效应、气候变暖、臭氧层破损、海洋酸化、气候灾害都与大气成分的变动有关。

大气层随高度不同分为对流层、平流层、中间层、热层和散逸层，再往上就是星际空间了。每一层都构成一个功能空间。大气中最稠密的空间对流层，以风雨、冰雪、阳光、温度、热量等气象、天文、地利条件，滋润着生物圈的万千种生物类群。平流层气象平衡，是航空业展示风采的空间。在距地表20公里到30公里高处，形成臭氧层，臭氧层就像一件"宇宙服"，可过滤阳光中的紫外线，杀死空气中的病毒，保护着生物圈免受宇宙射线的袭击。再往上依次是中间层和热层，这两层之间，常会出现极光、流星等天象。人们借助于热层，实现了短波无线电通信。外层是热层以上的外大气层，延伸至地球表面1000公里处，外层空间有达数千摄氏度的高温，大气稀薄，密度为海平面处的一亿亿分之一。

大气层是地球磁场构成的"天网"，既能有效地阻挡太阳风长驱直入，又使人类能利用磁场网络发展航海、航空、陆路交通、军事和旅游等事业，还可利用地磁场对指南针的定向作用寻找矿藏。

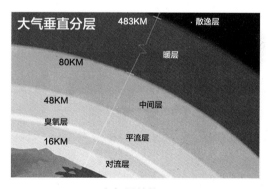

大气层结构图

地球的大气层历经几十亿年艰难的演化，才终于在几亿前形成了适合人类和所有生物生存的气体生态系统。亿万年来，大气一直保持着它的清新洁净。但自从人类发展农业文明尤其是工业文明以来，向大气排放大量工农业和生活废气，导致了日益严重的大气污染和酸雨形成，并破坏了高空臭氧层，生成了臭氧层空洞，使臭氧层阻隔紫外线的能力大降，危害着人体健康和生物健康。

二、海洋：地球的"造血器官"

在海洋学上，海和洋是有区别的，洋指海洋的中心部分，水深一般在 3 千米以上；海是海洋的近陆部分，深度一般在几十米至 3 千米。

全球 75% 的氧气是由海洋释放的。海洋还是巨大的储热体和热能传送带，是调控地球气候变化的主导者。海洋与大气之间进行着持续的动量、热量和物质的交换，对全球气候变化影响极大。海洋通过蒸发作用，向大气提供水汽，大气中的水在适当条件下凝结，以降水的形式返回海洋，从而实现与海洋的水分交换。据统计，全球海洋每年要蒸发 351200 立方千米水。蒸发这么多的水，需要消耗大量的热量，海洋吸收了到达地表太阳辐射的大部分，并把其中的 85% 的热量储存在海洋表层，再通过潜热、长波辐射等方式把储存的太阳能输送给大气。同时，海洋蒸发的水蒸气变成降水，能够为陆地生态系统补充大量的淡水。

海洋中的植物和藻类是氧气的主要生产者，热带珊瑚礁陆架是物种最丰富的地带，其丰富程度超过了陆地热带雨林。海洋生物种类占全球生物的 60% 以上，其多样性的兴衰决定着地球生物圈的命运。海洋还类似人的"血液"，具有强大的杀毒、解毒和排毒作用，即自净功能。通过海流和潮汐涌动，海洋可扩散、稀释污染物。

人类与海洋　李洲　摄

海洋蕴藏着极为丰富的生物资源,也是人类的资源宝库。许多海洋生物可以用作工业原料,有的还有很高的药用价值。有专家研究,海洋蕴藏着80多种化学元素。如果将一立方千米海水中溶解的物质全部提取出来,可生产食盐3052吨、镁236.9吨、石膏244.2吨、钾82.5吨、溴6.7吨,以及碘、铀、金、银等,可见海洋资源之丰富。据世界粮农组织(FAO)测算,在维持生态平衡的条件下,目前海洋年均可向人类提供30亿吨水产品,人均达400千克;海洋每年能提供蛋白质约4亿吨,是目前人类对蛋白质需要量的7倍。保护好海洋就是保护好世界未来的粮仓。

在地球上,一半以上的世界人口居住在距离海岸线不到100千米的地方，还有更多的人依靠海洋谋生。我们往往选择在海边度过闲暇时光。尽管我们人类的感官在水下难以发挥作用，而且咸涩的海水也不适合饮用，但自诞生以来，人类为了拓展自己的生存空间，还是一步步向着蓝色海洋推进。

三、森林：地球之"肺"

森林，地球之肺　李洲　摄

北疆的泰加林　李洲　摄

西藏林芝的亚热带自然林　李洲　摄

没有森林，就没有人类，森林一旦消失，地球生态系统会立即崩溃。森林通过绿色植物的光合作用，吸收大量的二氧化碳，放出氧气，维系着大气中二氧化碳和氧气的平衡，净化着环境，使人类不断地获得新鲜空气。森林中凋落的树叶能够滤除雨水中的杂质，并且能像海绵一样大量吸收和储存雨水。另外，森林还能锁住土壤，防止水土流失，抵抗灾害。据检测，茂密的林区可使7级风减为3级。当前，人类每年排放70亿吨二氧化碳的碳物质，其中30亿吨留在大气中，20亿吨被海洋吸收，另外20亿吨的大部分被森林吸收。

森林是太阳能转换为有效能量的枢纽，虽然森林只占陆地面积的30%，但它所转换和储存的太阳能占陆地产生能量总和的64%。森林还养育着地球上50%至90%的物种。

当今全球森林面积公布很不均衡，2/3的森林集中在俄罗斯、巴西、加拿大、

被称为"古生物化石"的桫椤树
李洲 摄

生活在森林中的国家一级保护动物
——川金丝猴 李洲 摄

国家二级保护树种——格木　李洲　摄

美国、中国、澳大利亚、刚果民主共和国、印度尼西亚、秘鲁和印度这10个国家。其中前5国森林面积占全球的50%以上。有105个国家的森林面积占其土地面积的比重超过全球平均水平；有62个国家其森林面积的这一比重不到1%，其中，有些国家如莱索托、吉布提、埃及、利比亚、毛里塔尼亚、科威特、摩纳哥和瑙鲁不足5%。我国森林面积1.95亿公顷，但人均占有量远低于世界人均占有量，仍属于森林资源贫乏的国家。

森林分为自然林和人工林，自然林又分为温带林和热带雨林。热带雨林是地球上生命力最旺盛的生态系统，它释放着人类呼吸所需氧量1/3的氧气，是全球最珍贵也最亟须保护的。雨林中长满植物，生活着无数野生动物。大约200年前，雨林覆盖着地球表面15%的面积。但是后来由于人类的破坏，雨林消失的速度在加剧，在过去短短100年的时间里，它们的面积减少了将近一半。目前全世界只有4%的雨林受到了保护。

雨林是生物多样性的典型代表，是世界上物种最丰富的地方，拥有500多万种动植物，它们的数量占世界上已知物种数量的一半以上。保护雨林，就等于保护了珍贵的物种资源。雨林还蕴藏着多种未知物种，其中有些甚至能在医药和技术上改变人类的历史进程。人类日常生活中至少有 1/3 的食物来自热带雨林中的植物，这些食物包括：芒果、香蕉、无花果、椰子、鳄梨、菠萝、番茄、桂皮、巧克力、生姜、咖啡、香草、甘蔗、腰果等。

亚马孙雨林分属于 8 个国家，是世界上现存面积最大的热带雨林

庞大的亚马孙雨林占地 700 万平方千米，是世界上最大、物种最多的热带雨林。它的面积超过了世界所有雨林面积的 1/2。这片绿色丛林产生的氧气，占地球氧气总量的 1/5。在过去的 40 年里，亚马孙雨林中大约 20% 的区域遭到砍伐。

目前大约有 5000 万原住民世代生活在热带雨林中。他们非常了解雨林，这些人珍爱他们的家园，特别是家园里那些已经生长了多年的树木。他们知道，只有一个健康的雨林，才能为他们提供食物和治病的药材。

生活在亚马孙热带雨林中的原住民

四、湿地:地球之"肾"

湿地是沼泽地、湿地草原以及泥炭沼泽的总称,包括湖泊、池塘、小溪以及河流边缘地带的低洼地区。泥炭沼泽是湿地的一种,底下是泥岩,表面则长满了泥炭藓或水藓。泥炭地覆盖了地球表面的3%,是大量植物和昆虫的家园。

湿地在地球生物圈的地位非常重要,被称为"地球之肾"。湿地的生态经济价值和生产力是陆地最高的生态系统。国际上通常把森林、海洋和湿地并称为全球三大生态系统。

湿地是一个天然的过滤器,工厂以及人类其他的活动会向河水或溪流中排放污染物,湿地中的水生生物却可以吸收、降解许多毒物。美国佛罗里达州大学曾试验,将废水排入江河之前先让它流经一片柏树沼泽地,大约有98%的氮和97%的磷被净化排除了。

湿地就像一大块海绵,能蓄存洪水,减缓洪水流动速度。当降雨量较少时,湿地可以把一些储存的水释放出来,这样就可以缓解旱情。

河流、湖泊中的沉淀物留在湿地中，使这里变得非常肥沃，吸引了多种野生生物，是多种鱼类和鸟类的繁殖地。水草丛生的沼泽环境为鸟类提供了丰富的食源和筑巢、避敌的条件。湿地内常见的鸟类有天鹅、白鹳、大雁、白鹭、苍鹰、浮鸥、银鸥、燕鸥、苇莺、椋鸟等约200种。

湿地还是鸟类和两栖动物迁徙、越冬的场所，中国湿地就是西伯利亚鸟类南迁越冬的中途站。

有些不同地区的湿地之间，也以种种方式发生着联系。每年冬天，会有80多种来自亚洲湿地的水鸟到澳大利亚觅食，数量可达上万只。

云南高原上的明珠——泸沽湖湿地　李洲　摄

春季，它们再回到亚洲繁殖。

全球湿地主要分布在加拿大、美国、俄罗斯和中国。加拿大湿地面积居世界首位，有 1.27 公顷，占全球湿地面积的 24%。中国拥有自然湿地面积 6600 多万公顷，约占世界湿地面积的 10%，居亚洲第一，世界第四。

据联合国披露，全球湿地特别是热带雨林沼泽地，正以每年 3% 的速率急剧减少。保护湿地刻不容缓！

洪湖湿地自然保护区位于千湖之省——湖北省的洪湖市西南部，长江中游北岸，是湖北省首家湿地类型自然保护区，现有保护面积 41412.069 公顷，为湖北省第一大湖泊

五、草原：生物圈的"环境屏障"

草原大都处于湿润的森林区与干旱的沙漠区之间。大部分的草原地貌是绿草与树木相互竞争的结果：水源充足时，树木、森林占主导；土地干燥时，则会长满绿草，形成草原。

在干燥或寒冷的气候条件下，或者在土地贫瘠的地区，树和灌木无法存活，但是草却可以蓬勃生长，而且草的生命力非常顽强，即使被践踏、燃烧、啃食或割掉，也能快速重新生长出来。这是因为它们是从基部开始不间断地生长，拥有较快的再生速度；草的根茎处及草丛间有一层繁殖膜，能充分吸收每滴雨水。

草原是植物、动物、微生物栖息、繁衍的理想场所，是生物多样性的重要基地。中国内蒙古大草原是全球最为典型的温带草原，有野生植物2800余种，野生鱼类80余种，两栖爬行类20余种，鸟类370余种，兽类100余种，国家重点保护动物近百种。

新疆天山南坡的草原　李洲　摄

生态文明启示录 | SHENGTAI WENMING QISHILU
危机中的嬗变 | WEIJIZHONG DE SHANBIAN

雨后的张北草原　李洲　摄

世界各地分布着许多草原，比如北美洲的大草原、亚洲的干草原、南美洲的潘帕斯草原，以及南非草原。全球草原总面积约2400万平方千米，为陆地面积的六分之一，大部分用作天然放牧场。

草原上大量动物以草为食，它们啃食地表部分的草，但不会伤害草根，因此地面上的草被吃掉后还能够长出来。很多动物具有很强的奔跑能力，如瞪羚、黄羊、高鼻羚羊、跳鼠、野兔、狼、狐、豹、狮等。瞪羚的奔跑速度每小时可达60千米，猎豹的奔跑速度每小时可达90千米。这与草原上地面的平坦开阔、障碍物少是有关的。东非的热带稀树大草原非常有名，这里生活着大批珍贵的野生动物，有以羚羊等食草动物为食的狮子、鬣狗和豹，以吃动物尸体为生的秃鹫，还有瞪羚、斑马、角马等食草动物，堪称野生动物的天堂。

草原对近地大气具有净化过滤作用，可减缓噪声、释放负氧离子、吸附粉尘、去除污染物。研究表明，草原比裸地的含水量高20%以上，下大雨时可减少泥土冲刷量75%。草原的防风固沙能力高于森林3倍到4倍，是全球重要的生态环境屏障。当植被盖度为30%～50%时，近地面风速可削弱50%。草原植物通过光合作用，吸收空气中的二氧化碳并放出氧气。每平方米良好的草坪，每小时可吸收1.5克二氧化碳，也就是说，每25平方米的草坪就可吸收一个人呼出的二氧化碳。大面积的草原还可起到维持大气化学平衡与稳定、抑制温室效应的作用。

草原也是重要的畜牧业生产基地，为人类生产肉、奶、皮、毛等大量的畜产品，有特有的经济功能。

六、河流：地球的"血脉"

水是生命之源。地球这颗美丽的星球之所以能孕育出生命并生生不息，水是最重要的因素之一。地球上的淡水主要集中在河流、湖泊、冰川和地下储水层。河流是地球生物圈陆地的"血脉循环系统"，是湿地、湖泊水循环的主要进出渠道。河流之水的总量不到地球总水量的万分之一，却是人类取用水的主要来源。如果没有河流提供的淡水，人类会在数天内灭亡。人类从来都是逐水而居，可以说，河流是生命之源、文明之源。

河流慷慨地将鱼类和其他水生动物提供给人类作为食物，陆地动物在河边聚集饮水，从而也容易成为人类的猎物。通过合理利用河流，人类得以养殖家畜、灌溉田地，建造水坝用于发电。

雨水是江河水的主要来源。全球每年降落在陆地上的水量约为110万亿立方米，除去大气蒸发和被植物吸收的水量，其余大部分都流入了江河。另外，地下水、冰雪融水总是在山脉一带出现，所以，江河的源头通常是山脉。每条江河都有河源和河口。河源是指江河的发源地，有的是泉水，有的是湖泊、沼泽或冰川。河口是江河的终点，即其汇入海洋、湖泊或沼泽的终端。

| 生态文明启示录 | SHENGTAI WENMING QISHILU |
| 危机中的嬗变 | WEIJIZHONG DE SHANBIAN |

冰川是江河之源（上图为青藏高原俯瞰图，下图为我国西藏境内的冰川融水） 李洲 摄

秦岭深处灞河源头　李洲　摄

秦岭深处灞河源头　李洲　摄

贵州赤水，旅游业因水而兴　李洲　摄

| 生态文明启示录 | SHENGTAI WENMING QISHILU |
| 危机中的嬗变 | WEIJIZHONG DE SHANBIAN |

广西,逐水而居的村庄　李洲　摄

在世界各地的地图上,标出名字的江河有上千条,但在地理科学资料里能数出来的不超过 500 条,长度超过 1000 千米的江河有上百条,4000 千米以上的江河屈指可数。亚洲是世界上江河汇集最多的大陆,长度在 1000 千米以上的有 58 条,其中 4000 千米以上的 5 条。中国境内江河的径流总量达 27000 多亿立方米,相当于全球径流总量的 5.8%。主要江河多发源青藏高原,长江是中国第一、世界第三大河,全长 6300 千米,流域面积 180.9 万平方千米。黄河是中国第二长河,全长 5464 千米,流域面积 75.2 万平方千米。还有黑龙江、珠江以及著名的人工河——京杭大运河。

河流和人类一样,拥有塑造地球面貌的力量,能够雕山刻谷,横扫一切挡路的障碍,并在离开时留下大片黄沙;它们能赋予河流两岸无限生机,却也能在弹指之间将其冲刷殆尽。人类想治河而用,就必须掌握河流的秉性。

七、沙漠：生物圈的特殊生态系统

沙漠是由缺水的程度定义的，年降水量低于 25 厘米的地区即为沙漠，而实际上很多沙漠的降水量却远比这个标准要低得多。

蒙陕交界地带的沙化土地　李洲　摄

全球沙漠主要分布在亚热带和温带极端干燥少雨的地区，在北半球形成一条明显的荒漠地带。我国的沙漠主要分布于西北和内蒙古地区。南半球的智利、澳大利亚和南非也有分布。

沙漠是最脆弱的生态系统。沙漠中的气候非常恶劣，有些地区白天的温度可以达到 50 摄氏度，夜晚温度则急剧下降至 0 摄氏度，甚至更低。这里常年不下雨，因此极为干旱。

与其他环境的生态系统相比，沙漠的生物种类要少得多。但是，仍然有一些生命力非常顽强的动植物在这里生活。白天，很多沙漠动物藏在石头下或洞穴内躲避高温，夜晚来临后才出来觅食。

很多沙漠植物，例如仙人掌，靠肥厚的茎储存水分。还有些沙漠植物的根部很长，可以吸收深处的地下水，比如红柳，红柳是沙漠中抗旱和抗盐的先锋植物，它在根茎叶里存水，且具有庞大的根系，可达地下水层。骆驼可以在沙漠中很好地生存，因为它的驼峰和胃

| 生态文明启示录 | SHENGTAI WENMING QISHILU |
| 危机中的嬗变 | WEIJIZHONG DE SHANBIAN |

内蒙古乌兰布和沙漠　李洲　摄

干旱的戈壁地区　李洲　摄

中储存着脂肪和水。如果长时间不吃不喝，骆驼就会变瘦，驼峰也会缩小。一旦发现水，它们在 10 分钟内就可以喝下 90 升水。

在沙漠的低洼地带，由于能存住水，往往会出现一片生机盎然的绿地。这就是沙漠绿洲，是沙漠生态系统中比较有代表性的一种。

沙漠中的动物常常会在绿洲一带出没。

沙漠区是多种文化和生活方式的家园。全球约有 5 亿人居住在沙漠和沙漠边缘。传统上,集居沙漠的主要是猎人、游牧人和农夫。沙漠文化产生了世界三大宗教:犹太教、基督教和伊斯兰教,其影响远远超出了其发源地区。

沙漠环境严酷、生物种类多样性低、群落结构简单、自动调节能力差,所以我们在改造利用时应当慎重,保护好沙漠生物和绿洲,并积极遏制荒漠化,因为沙漠比地球上任何一种生态环境的扩展都要快。

沙漠中的耐寒植物——红柳　李洲　摄

森林、草原、海洋、湿地、沙漠、人工生态系统特征的比较

类型	森林	草原	海洋	湿地	沙漠	人工系统
分布特点	湿润或较湿润地区	干旱地区，降雨量很少	整个地球表面	沼泽地、泥炭地、河流、湖泊、红树林、沿海滩涂及低于6米的浅海水域	亚热带和温带极端干燥少雨的地区	气候、水源、土壤优良的地区
物种	繁多	较多	繁多	较多	稀少	缺乏
主要动物	营树栖和攀援生活，如犀鸟、避役、树蛙、松鼠、貂	有挖洞或快速奔跑特性，两栖类和水生动物少见	水生动物，从单细胞原生动物个体最大的鲸	水禽、鱼类，如丹顶鹤、天鹅及各种淡水鱼类	骆驼，鹰，猫头鹰，沙鼠，某些昆虫、蜥蜴、啮齿类，罕见鸟类	人及家畜、宠物、鱼
主要植物	高大乔木	草木	微小浮游植物	芦苇	半乔木、半灌木	乔、灌、草、花
群落结构	复杂	较复杂	复杂	较复杂	简单	简单
种群和群落动态	长期相对稳定	常剧烈变化	长期相对稳定	周期性变化	剧烈变化	周期性变化

类型	森林	草原	海洋	湿地	沙漠	人工系统
限制因素	一定的生存空间	水，其次为温度和阳光	阳光、温度、盐度、深度	温度、水源	气候、水源、温差	人工管理
主要作用	人类资源库；改善生态环境；生物圈中能量流动和物质循环的主体	提供大量的肉、奶和毛皮；调节气候，防风固沙	维持生物圈中碳氧平衡和水循环；调节全球气候；提供各种丰富资源	生活和工农业用水的直接来源；多雨或河流多水时可蓄积，调节流量和控制洪水，干旱时可释放储存的水补充地表径流和地下水，缓解旱情；消除污染；提供丰富的生物资源	为人类提供宝贵的矿物储藏，用之不尽的太阳能，干旱环境下生长的动植物有极较大的药用价值	美化、休闲、观赏、遮阴、防尘、降噪、吸毒
保护措施	退耕还林，合理采伐，防虫防火	防止过度放牧，防虫防鼠	防止过度捕捞及环境污染	加入《湿地公约》、保护重要湿地	生态化治沙，遏制荒漠化	纳入主管部门管理

生态系统价值几何

一、自然界对人类的服务功能：资源、环境、生态

毫无疑问，我们人类投向大自然的第一道目光是瞄向资源的，人类要吃、要用、要建房屋，这些都得从大自然中去索取；吃了用了之后的废弃物需要有空间来容纳，这就需要有个环境；有了环境慢慢发现，环境不好也不行，不好的环境威胁生命健康，必须有个好的生态系统才能使人类更好地长久生存。

这就是自然系统为人类提供的资源、环境、生态服务。这三大服务功能是随着人类对自然界的认识加深而依次认识到的，先是资源，再是环境，然后是生态。全球学术界、理论界最先研究的也是资源、环境，生态、生态学是最迟出现的。这反映了人们对人与自然关系认识的逐步加深。

在党和国家的相关文件中，对资源、环境、生态的表述的变化也反映了这一点。十八大之前，历次党的全国代表大会、中央全会等相关报告中，有时不提生态，只将资源与环境连在一起称为"资源环境"或"环境资源"，有时不提资源，只将生态与环境连在一起称为"生态环境"。但在十八大上对此提出就有了重要变化，指出，当前我国"资源约束紧张、环境污染严重、生态系统退化"，多处

乌江上游,生态环境保持良好的地区　　李洲　摄

明确将资源、环境、生态三者同时分开并列表述。生态学家、生态文明促进会理事长黎祖交认为,这是迄今为止我们党对于资源、环境、生态关系的最全面、最完整、最正确的表述,其所反映的不仅仅是文字表达上的变化,而是在更深层次上反映出我们党对于人与自然功能关系的深刻认识和对于生态文明建设规律的准确把握。

从生态学的观点看,资源、环境、生态是人类生存发展的三大自然要素,分别体现着人与自然的不同功能关系。我们可以用专业的表述来更全面地理解:

所谓资源,泛指"自然资源"。对于一个特定的国家和地区来说,它具体指的是在该国或该地区主权领土和可控大陆架范围内,所有自然形成的、在一定经济、技术条件下可以被开发利用以提高人们生存能力和生活水平,并具有某种"稀缺性"的实物资源的总称。通常分为土地资源、矿产资源、生物资源、水资源和海洋资源五大类。

所谓环境,泛指一般意义上的"自然环境",特指与人类生存和发展有关的各种天然的和经过人工改造的自然因素的总体,前者

黄土地上珍贵的水资源　李洲　摄

称为"原生环境",后者称为"次生环境"。环境有两个明显区别的部分:物理环境(包括温度、可利用水、风速、土壤酸度等)和生物环境,后者构成其他有机体对于有机体施加的任何影响,包括竞争、捕食、寄生和合作。从人类与自然的功能关系看,环境是客体,人类是主体,人类与环境是主体与客体的关系。

所谓"生态",泛指自然生态系统,指一定空间范围内,生物群落与其所处的环境所形成的相互作用的统一体。任何一个自然生态系统都由生物群落和非生物环境两大部分组成。其中,生物群落处于核心地位,它代表自然生态系统的生产能力、物质和能量流动强度以及外貌景观等。非生物环境既是生命活动的空间条件,也是生物群落与自然环境相互作用的结果,它们形成一个有机的统一整体。

资源、环境、生态三者之间相互依存、相互渗透、相互影响、相互制约,可谓"一荣俱荣,一损俱损"。因为这三者的区分是功能的区分,而不是实体的区分,在实体上它们往往是兼有的。以森林为例,我们不能认为这片森林具有为人类提供木材的资源功能,那片森林具有净化空气、降低噪声的环境功能,还有一片森林具有涵养水源、防风固沙、保持水土、保护野生动物的生态功能。同一片森林,三个功能同时兼有。如果我们为了获取木材和其他林副产品而大规模砍伐森林,则不但其资源功能遭到破坏,其环境功能和生态功能也必将遭受破坏。从这个意义上我们也可以说,破坏资源就是破坏环境、生态,保护资源就是保护环境、生态。党的十八大报告做出的"节约资源是保护生态环境的根本之策"的诊断,道理就在这里。

二、为生态系统估估价

上面所说的自然生态系统为人类所提供的资源、环境、生态服务,是一种大范畴的概括,里面包括非常多的细化功能,比如著名的生态学家康斯坦赞就把地球生态系统为人类的服务功能划分为十七个类别:稳定大气、调节气候、对干扰的缓冲、水的调节、水的储存、控制侵蚀和保持沉积物、土壤形成、养分循环、废物处理、传粉、生物防治、避难所、食物的生产、人民生产生活中原材料的提供、基因资源的提供,还有休闲娱乐、文化塑造功能,总的来说就是整个人类赖以生存的生命支持系统所涉及的方方面面,都包括在内。

生态系统价值几何?

印度加尔各答农业大学的达斯教授做了个测算:一棵长了50年的大树,以累计计算,产生氧气的价值约31200美元;吸收有毒气体、防止大气污染价值62500美元;增加土壤肥力价值约31200美元;涵养水源价值37500美元;为鸟类及其动物提供繁衍场所价值31250美元;产生蛋白质价值2500美元。除去花、果实和木材价值,总计价值约 196000 美元。这是一棵树的生态价值。

但是，如果按木材产出计算的价值仅为 625 美元，如果把它拿到市场上进行出售，只能卖出 50 美元至 125 美元不等，实际所得大约只有其真正价值的 0.3%。随意破坏大自然的这种恩惠，是多么得不偿失。但现实情况就是这样，人们往往只看得到自然界的资源价值，而看不到它的生态价值。

1997 年 5 月 14 日，美国国立生态分析和综合研究中心公布了一项研究报告，该报告开门见山："研究发现，我们每年欠地球 33 万美元。"这个由生态学家和经济学家组成的研究小组，估算了地球提供新鲜空气、改善气候、稳定气流、清洁淡水、形成土壤与营养物质循环，以及垃圾处理、生物控制、粮食生产、原材料、消遣与文化娱乐等，每年每公顷的价值为 1100 美元。这个研究小组在英国《自然》杂志发表文章说："就整个生物圈来说，每年它向人类提供物质的价值估计在 16 万亿美元至 54 万亿美元，平均每年为 33 万亿美元。20 世纪 90 年代，全世界平均每年的自然物质资源创造的国民生产总值约为 30 万亿美元。"也就是说，地球生态物质性公益价值对全球经济的贡献，相当于该期间每年全球经济生产的总产值。上述研究小组的文章说：如果没有生态保障系统的贡献，地球的经济就将停滞。

科学界对自然界生态价值的计算意在提请人们呵护生态，爱惜资源。其实，生态系统的价值是无法衡量的，它为人类提供的服务是其他东西所无法替代和弥补的。有钱能买真金白银，却难买生态环境。就当前而言，需要我们人类所做的最迫切的事就是减轻自然界的沉重压力，恢复生物圈的良性循环。良好的生态环境才是人类生存发展的基础，金山银山加绿水青山才是人类之大幸大福。

那些消失的文明和生态灾难

"文明人跨越地球的表面,在他们足迹所及之处留下一片荒漠。"文明人和他们所创造的文明,曾经兴盛繁荣,曾经光照人类,如今,它们或埋藏在沙漠下,或遗留在荒野中,成为历史陈迹,只有在考古发掘中证明它们的存在。循着历史废墟,它们会告诉我们些什么呢?

一、古埃及文明的兴衰

公元前3000年,在尼罗河下游的冲积平原上出现了埃及文明。古埃及文明可以说是"尼罗河的赐予"。在历史上,每到夏季,来自尼罗河上游地区富含无机矿物质和有机质的淤泥随着河水的漫溢,总要给下游留下一层肥沃的有机沉积物,其数量既不堵塞河流与灌渠、影响灌溉和泄洪,又可补充从田地中收获的作物所吸收的矿物质养分,近乎完美地满足了农作物的需要,从而使这片土地能够生产大量的粮食来养育众多的人口。正是这无比优越的自然条件造就了埃及漫长而富有生命的文明,并由此兴盛了将近100代人。

然而,由于长期以来尼罗河上游地区的森林不断遭到砍伐,以及过度垦荒、放牧,导致水土流失日益加剧,尼罗河中的泥沙急剧增加,大片的土地荒漠化、沙漠化,昔日的"地中海粮仓"从此失去了光芒,最终成为地球上生态严重恶化、经济极度贫困的地区之一。

二、古巴比伦文明的兴衰

幼发拉底河和底格里斯河流经的美索不达米亚平原,曾经地势平坦,土壤肥沃,气候宜人,水源充足,被誉为地球上最适合人类生存、繁衍之地。在距今约5000年,这里的人们建起了国家;公元前18世纪,这里出现了古巴比伦王国(大致在今天的伊拉克版图内)。在这片广袤的平原上,曾建起世界上第一个城市,颁布了第一部成文法典,流传最早的史诗、神话、药典、农人历书等也在这片土地上诞生,并建造了举世闻名的"巴比伦空中花园"。

然而,这辉煌的古文明,竟然在公元前2世纪沦为一片废墟。原因何在?大量的考古和历史资料表明,"两河文明"消失的原因,不外乎两点:一是人们对土地的过度开发、非理性经营,使林草被遭到严重破坏。水土流失、土地荒漠化,以致巴比伦失去了支撑古文明的自然资源和环境条件。二是连绵不断的战争则是直接吞噬"两河文明"、破坏西亚生态系统的罪魁祸首。先是

古巴比伦的空中花园

尼布甲尼撒二世多次发动的对外战争，然后是波斯王居鲁士占领新巴比伦的战争，接着马其顿帝国和罗马帝国的入侵战。接连不休的战火，不仅将巴比伦辉煌的文化烧为灰烬，更将生态环境一毁到底，最终导致昔日空中花园变为不毛之地。

三、地中海文明的演变

地中海在亚、欧、非三大洲之间，是一片宛如水槽的海域，有人戏称它为"上帝遗忘在人间的脚盆"。这个"脚盆"是西方文明的发源地。历史上的一段时期，沿地中海的一些国家曾呈现出一种进步而又生气勃勃的文明。如今，除了很少几个国家还比较发达外，其他都沦为20世纪世界上相对贫困落后的地区。地中海地区多数国家的文明兴衰过程非常相似：起初，文明在大自然的漫长年代造就的肥沃土地上兴起，持续进步达几个世纪，随着人口的增长、开垦

波斯波利斯宫城遗址

规模的扩大，越来越多的森林和草原植被遭到毁坏，富有生产能力的表土随之遭到侵蚀、剥离和流失，损耗了作物生长所需的大量有机质营养，于是农业生产日趋下降。随着土地生产力的枯竭，它所支持的古文明也逐渐衰落。

四、玛雅文明的灭亡

玛雅（MAYA）文明是拉美大陆上神秘而辉煌的古代文明，主要分布在墨西哥、洪都拉斯、危地马拉境内。玛雅人在既没有金属工具也没有运输工具，而仅仅采用新石器时代的生产工具的情况下，创造出了灿烂的文明，他们在这里留下了高耸的金字塔神庙、庄严的宫殿和天文观象台，雕刻精美、含义深邃的记事石碑和建筑装饰雕刻，以及众多做工精美的陶器与祭祀用品，精确的数学体系和超越时代的天文历法，还有至今仍有待我们去破译的象形文字系统。让世人们百思不得其解的是，作为世界上唯一一个诞生于热带丛林而不是大河流域的古代文明，玛雅文明与它奇迹般地崛起和发展一样，其衰亡和消失充满了神秘色彩。8世纪左右，玛雅人放弃了高度发展的文明，大举迁移。他们创建的每个中心城市也都终止了新的建筑，城市被完全放弃，繁华的大城市变得荒芜，任由热带丛林将其吞没。玛雅文明一夜之间消失于美洲的热带丛林中。

第二篇 人类的家园

玛雅人建造的羽蛇神金字塔，位于玛雅遗址奇琴伊察。金字塔高约30米，四周环绕91级台阶，加起来一共364级台阶，再加上塔顶的羽蛇神庙，共有365阶，象征一年中的365天。这座古老的建筑，在建造之前，经过了精心的几何设计，令后人叹为观止：每年春分和秋分两天的日落时分，北面一组台阶的边墙会在阳光照射下形成弯弯曲曲的七段等腰三角形，连同底部雕刻的蛇头，宛若一条巨蛇从塔顶向大地游动，象征着羽蛇神在春分时苏醒，爬出庙宇。每一次，这个幻像持续整整3小时22分，分秒不差。这个神秘景观被称为"光影蛇形"

奇琴伊察位于尤卡坦半岛，始建于公元5世纪，曾是玛雅古国最繁华的城邦，是玛雅城市文化顶峰时期的重要遗址

是什么导致玛雅文明在不到1000年的时间里就由兴盛走向衰落呢？最新的科学研究显示：在公元750—950年，玛雅文明经历了一次漫长的旱季，中间发生过三次持续时间3～9年的大旱灾，这些灾害使那里的生态遭到严重破坏，玛雅人的主食玉米的产量大幅度下降，饮用淡水枯竭，食物、水资源的持续短缺使得辉煌一时的玛雅文明走向了毁灭。科学家重塑2000年前的植被模型发现，当时的干旱气候，有一半原因是玛雅人对森林的乱砍滥伐，乱砍滥伐让气候向干旱方向变化。

到11世纪后期，玛雅文明虽然得到了部分复兴，然而，相较于全盛时期，其辉煌早已不比往昔。随着资本主义海外扩张的血腥行动的到来，玛雅文明最后被西班牙殖民者彻底摧毁，此后便长期淹没在热带丛林中。

五、古印度文明的变迁

古印度文明被称为世界四大古文明之一，其文明的发端与所依赖的自然环境有密切的关系。印度半岛大部分地区是一个坡度徐缓的高原，境内江河纵横，土地肥沃，农业发达。在北面，喜马拉雅山脉如屏障耸立，南面则以低矮的温德亚山与德干高原相隔。印度平原的面积远远超过了法国、德国和意大利国土面积的总和。在这广阔的平畴沃野上，流淌着印度河和恒河。印度史上已知的最古老的文明发源地之一——哈拉巴文化，就是在北印度平原的印度河—恒河平原上产生的。印度河—恒河流域丰饶的生态与环境，是大自然的慷慨赐予，它哺育滋养了悠远的印度文明。可是，近代以来，森林的急剧破坏导致这个处于热带地区文明古国的生态系统变得极其脆弱。不仅许多昔日的沃野变成了沙漠，而且水旱灾害连年不断，水土流失十分严重。不合理的灌溉又加剧了土地的盐碱化。直到20世纪60年代，在联合国专家的指导下，印度采取了一系列的现代科技措施，才遏制住土地荒漠化的势头。

据生态学的观点，任何一个种群的数量与其所赖以生存的环境资源的有限性之间都存在着矛盾。动物和植物是根据大自然的法则，依靠自发的自组织行为来调节彼此之间的矛盾，使之大体保持一个平衡的状态。而人类不是这样，人类作为一种具有理性和智慧的存在物，当遭遇人口数量的增长与有限土地资源之间的矛盾时，会反作用于自然界，通过干扰自然生态而试图解决这种矛盾，但他们想不到过度的干预行为会导致"生态灾难"，最终毁灭人类文明。

"不要过分陶醉于人类对自然的胜利，对于每一次这样的胜利，自然界都报复了我们。"恩格斯曾警告人类，并举例分析说，"美索不达米亚、希腊、小亚细亚以及其他各地的居民，为了得到耕地，把森林都砍光了，他们做梦也没有想到，这些地方今天竟因此而成为不毛之地。因为他们使这些地方失去了森林，也失去了积蓄和储存水分的中心。""阿尔卑斯山的意大利人，当他们一天天把山上珍贵的树种砍光时，并没有意识到高山畜牧业的根基全然毁掉了，他们更没有预料到，这种做法竟使山泉在一年内几近枯竭了，而雨季凶猛的洪水会毫不留情地倾泻到平原上。"

然而，教训并不是那么容易被吸取的，尤其是在物质利益面前。恩格斯说这话在100多年前，而我们今天的一些做法与百年前、千年前的古人都没有多大区别。

美国西南部大平原地区原先长满矮草，土壤肥沃。19世纪60年代到20世纪初，联邦政府颁布了《宅地法》、《造林法》、《扩大宅地法》等一系列法令，鼓励民众向西部移民，开发大平原地区。西进运动中，涌来的人们占领了几乎每一寸草地，采用了所谓的"旱作农业法"，用拖拉机把土壤表层土翻开，并且频繁地耕作，铲除野草，播下小麦。这种耕作模式在丰水年份的配合下一度创造了"小麦经济"的繁荣。但随着越来越多的牧场变为麦田，原本脆弱的植被遭到了严重破坏。1934年5月11日凌晨，一场人类历史上空前未有的黑色风暴劫掠了美国西部草原。草原上空，一阵阵黑色狂风遮天蔽日，挟带着泥沙拔地而起，自西向东呼啸而进，并向周围迅速蔓延。风暴整整刮了三天三夜，形成一个东西长2400千米，南北宽1440千米，高3400米的迅速移动的巨大黑色风暴带。风暴所到之处，溪水断流，水井干涸，田地龟裂，庄稼枯萎，牲畜渴死，千万人流离失所。这场恐怖的噩梦便是令人闻风丧胆的北美黑风暴。

黑风暴的袭击给美国的农牧业生产带来了严重的影响。原已遭受旱灾的小麦大片枯萎而死，导致当时美国谷物市场的波动，对经济发展造成巨大冲击。同时，黑色风暴一路洗劫，刮走肥沃的土壤表层，露出贫瘠的沙质土层，使受害之地的土壤结构发生变化，严重制约灾区日后农业生产的发展。

北美在1931年到1940年整整十年间，属于半干旱气候的大平原地区一直遭受大旱。但大规模开垦造成的植被破坏却是更为主要的原因。以黑钙土和褐土为主的表土含沙较多，极易因干旱和拖拉机耕作而成为粉状物。常年受到山风海风和极地强冷空气影响的大平原地区又拥有许多的大风天气，诸多因素综合在一起，造成了美国20世纪30年代的生态悲剧。

前苏联未能吸取美国的教训，继北美黑风暴之后，悲剧两次在这里重演。1960年3月和4月，前苏联新开垦地区两次遭到黑风暴的侵蚀，经营多年的农庄几天之内全部被毁，庄稼颗粒无收。3年之后，这些新开垦地区又一次遭遇风暴侵袭，而这次的影响范围更为广泛，哈萨克新开垦地区受灾面积达2000万公顷。

今天分析，前苏联版社会主义的建设，其实是止步于人、自然、社会关系的失衡中。前苏联当时是世界上国土面积最大的国家，拥有丰富的自然资源，且人口密度低，地广人稀。从20世纪50年代中后期起，与美国争霸成为其主要政治目标，实现手段就是追求经济增长。结果，无节制地开采资源、无限度地污染环境，导致生态环境严重破坏，给前苏联社会带来了灾难。前苏联的工业化进程开始得要比欧美等工业化国家晚得多，要在短时间内赶超欧美，对经济增长的追求必然超过对生态环境的关注。据估计，前苏联的工业淤泥中，60%以上没有经过任何处理，50万平方千米的土地受到侵蚀。全国大片森林被毁，城市空气污染严重。西伯利亚的沼泽、森林、大草原的破坏引发了整个地区的生态失衡。

20世纪80年代，前苏联已相当迅速地耗尽了最容易获得的自然资源，为了获得更多，只有挖得更深去发现新的矿床，导致燃料和原材料的成本不断提高，资金投入也越来越大。一方面，经济发展导致的资源和生态条件恶化阻止着经济的可持续发展，另一方面，经济的衰退又使前苏联无力负担环境保护的成本。由于物质的稀缺，人们寻找各种机会发财、赚钱，非法的经济活动充斥着整个社会，可以说，大多数前苏联民众丧失了基本的尊严，结果导致信任危机的爆发和社会关系的恶化。以牺牲生态换来的经济繁荣终究是昙花一现。而发生在1986年的生态灾难——切尔诺贝利核泄漏事件成为加速前苏联解体的一个重要原因。

我国追求"围湖造田"的教训也同样深重。

我国的洪湖、鄱阳湖、洞庭湖、滇池等湖泊，20世纪50年代末，被大规模围垦造田，加剧了湖区生态环境的恶化。据长江中下游的湖南、湖北、江西、安徽、江苏5省统计，新中国成立初期原有湖泊面积2.9万平方千米，到20世纪80年代，湖泊面积缩小到1.9万平方千米，消亡了1万多平方千米。

这些湖泊本来在水利方面起着容纳长江水的作用，湖泊面积减小，直接导致了长江没有足够的分流空间，很容易造成洪灾。

1998年夏季，中国南方普降罕见暴雨，持续不断的暴雨使长江经历了自1954年以来最大的洪水，许多省、自治区、直辖市遭灾。近500万所房屋倒塌，2000多万公顷土地被淹，经济损失达1600多亿美元。事后总结时，两院院士张光斗指出，湖泊调蓄能力降低，是导致高洪水位形成的一个主要原因。1998年后，国务院在严令"退耕还林"的同时，严令"退田还湖"。

文明的兴衰告诉我们，良好的生态系统是人类一切文明的基础，不论是远古时代、农业文明时代还是工业文明时代，人类经济社会之所以能够发展，都有赖于自然生态体系的支撑。"生态兴则文明兴，生态衰则文明衰"，这是人类历史演变的一条铁律，现代文明的消长也不例外。

今天，在地球所有生命中，人类已经不是传统意义上食物链上的成员，而是在制造甚至控制着食物链，并对其周围的自然生态系统施加着前所未有的影响，我们人类是有能力破坏地球生态系统的。但我们相信，在地球上最后诞生却最早学会用智慧来利用自然力量的人类，同样有智慧维护好地球生态系统，与自然和谐共生。

第三篇　增长的极限

主题：生态系统的承载力是有限的，超过承载力就要出问题
启示：节约资源是改善生态环境的根本之策

"增长的极限"曾经被认为遥远的未来，在今天已广泛存在，这也是我国难以回避的现实。增长的极限是如何产生的？就像一块地能够养活的人口是有限的一样，地球生态系统的承载力也是有限度的，超过一定限度就要出问题。人类消耗了过多的资源，且资源利用率过低，那么必然排出的废弃物就要多。废弃物多了必然造成环境的污染，环境污染反过来又使得人类可以利用的有效资源相应减少。因此，生态危机始于资源的过度消耗，节约资源才是改善生态环境的根本之策。

广袤的地球常常给我们一个错觉：地球资源是无限的，我们所需要的东西它都会源源不断地提供。

1972年罗马俱乐部发表第一份研究报告《增长的极限》并预言"全球资源的枯竭将很快到来"时，大多数人很不以为然，甚至一些经济学家认为，这是杞人忧天，没有经济增长就会有经济危机，会给人类的生存造成同样的危害。许多自然科学家认为，科学技术的发展是经济持续增长的动力，《增长的极限》对科技发展没有做出恰当的评估。

《增长的极限》还发出这样的警告："如果目前世界人口、工业化、资源消耗、环境污染、粮食生产的趋势继续不变，下一个100年的某个时刻，就会达到这个行星增长的极限——出现不可控制的灾变。"

用不了100年，40多年过去了，"增长的极限"这一曾经被认为遥远的未来，在今天已广泛存在。人类的活动已超出了地球的承受能力和产出能力。全球性的生态灾变已经成了当前人类面临的最大问题之一，资源枯竭、环境污染、气候变化、生态系统退化的危机笼罩全球。

全球生态危机的生成

如果你认为地球如此之大，人类再怎么消耗资源、再怎么撒野也无法对其造成严重的影响，那你就大错特错了。事实告诉我们，真不是那么回事。当今世界人口如此庞大，科技也如此强大，我们真有能力改变地球面貌。

首先，地球上的资源不是"取之不尽，用之不竭"的。地球为人类提供了两类资源。一类是不可再生资源，是指埋藏在地下的矿产，它们由数百万年前甚至几十亿前的动植物遗体因受地面的压力作用而形成的，如石油、天然气、煤炭、铁矿等，以铁矿为例，铁元素聚集成矿床是一个漫长的地质历史过程，它们多形成于距今26亿～30亿年的太古时代。这类资源形成非常缓慢，再生速度缓慢，在被人类开发利用后，在相当长的时间内不可能再生。与此相反，人类开采、消耗矿物却十分快速，一个矿区开采期仅为百年、数十年，以至几年，因此，从人类在地球上的活动周期的角度看，矿产资源是不可再生的。

另一类是可再生资源，通过天然作用或人工活动可以再生、更新，能为人类反复利用。如土壤、植物、动物、微生物和各种自然生物群落、森林、草原、水生生物等属于可再生资源。地球一般要花费一年半的时间才能重新生产人类一年所用掉的可再生资源。可再生自然资源依靠种源而再生，一旦种源消失，该资源就不能再生，因此，保护好物种种源，才可能再生，才可能"取之不尽，用之不竭"。可再生资源在一定条件下也可转化为不可再生，比如土壤，土壤肥力可以通过人工措施和自然过程而不断更新，但如果水土流失和土壤侵蚀的过程比土壤自然更新的过程更快，那么土壤也就变为不可再生了。

人类要吃要用要享受要发展经济，就得消耗资源，这也是天经地义的事。但在"取之不竭"的错觉下，人类很长时间不知晓"节制"二字，等醒悟过来，世界已改变了模样。

据统计，从 1959—2011 年半个多世纪，世界人口由 30 亿人激增到 70 亿人。人口是分母，资源是分子，在地球产物就这么多、资源存量不变的前提下，人口每增加一倍，人均资源占有量就减少一半。同期，全球耕地人均占有量大幅度下降。据联合国粮食及农业组织 2009 年的统计数据，1961—2009 年，全球人均可耕地面积由 0.42 公顷下降到 0.20 公顷，降幅达 51.2%。

不止是土地，地上的森林、河流、动物等可再生资源的再生速度也赶不上人们的消耗速度，而地下的不可再生资源则面临枯竭。在发展工业文明的 300 年间，人类已消耗地球上约 1/2 的矿藏资源。世界银行的一份报告曾指出，在 20 世纪的 100 年间，人类大约消耗了 2650 亿吨石油和天然气、1420 亿吨煤炭、380 亿吨钢铁、706 亿吨的铝和 4.8 亿吨的铜。21 世纪预计全球财富的创造是 20 世纪的 3～4 倍，如果按照目前的生产方式，我们大多数矿产资源只够人类使用五十多年到七八十年。世界自然基金会（WWF）计算的结果是：从世界范围看，人类目前的"生态足迹"已经超出了全球承载力的 20%，人类在加速耗竭自然资源的存量。

资源、环境、生态，是大自然对人类的三大服务功能，三者之间一荣俱荣，一损俱损。资源过度消耗的同时，环境污染、生态破坏也随之而来。

200 多年来，工业化国家走过的先污染、后治理的发展道路所带来的大量污染物至今仍留存在我们的大气圈、水圈和生物圈中。DDT、有机汞、四乙基铅汽油添加剂等许多化学污染物虽已被许多发达国家禁止生产和使用，但这些难以分解的污染物并没有消失，至少有 13 万吨 DDT、15 万吨有机汞和 4000 万吨四乙基铅仍循环在生物圈、大气圈中。44 个发达国家先行污染，130 个发展中国家紧随其后，重蹈覆辙，"前赴后继"地给生物圈雪上加霜，加之地球的环境承载力与发达国家"起家"时期已不可同日而语，最终导致了今天生态危机的全球爆发。

让我们来看看繁华地球凄凉的另一面——

"地球之肺"森林在以惊人的速度消失。据2015年的统计数据，全球每分钟消失的森林相当于36个足球场。在过去的50年中，地球上大约一半的原始森林已经消失，特别是生态效益好、生物多样性丰富的热带雨林被大面积砍伐，影响到地球的"呼吸"。亚马孙热带雨林蕴藏着世界木材总量的45%，自20世纪60年代起，热带雨林被大量砍伐，致使巴西全国的森林覆盖率从80%下降到40%。随着森林的消失，许许多多珍稀物种没有了栖息之地，也永远地消失了。据联合国粮食及农业组织统计，1960—1990年，30年间全球丧失了4.5亿公顷的热带雨林。由于森林的锐减，大气中增加了几十亿吨的二氧化碳碳物质残留，加剧着全球气候变暖的灾害。

森林被破坏之后，海洋的厄运紧随其后。海洋处在全球河流的最下游，正成为人类最大的"垃圾场"。人类生产、生活所产生的废弃物大量入海，海水中氮和磷的含量所来越高，从而刺激海藻的疯狂生长，进而形成"缺氧区"和"无氧区"，导致鱼、虾、蟹、贝等海洋生物无法生存，大量死亡，甚至海草也难以幸存，使海洋一个个都变成了"死海"。2009年，在夏威夷的一个荒岛上，原来一直栖息在这里的1400万只海鸟不知不觉间竟所剩无几。调查后人们惊愕地发现，这个几平方千米的小岛被数米厚的塑料垃圾所覆盖，许多海鸟因误食塑料垃圾而毙命。

"地球之肾"湿地正以每年近3%的速率消失，而消失的物种有40%发生在湿地中。

水土流失加剧，水资源危机凸显。土壤基本上是一种不可再生的自然资源。在自然条件下，生成1厘米厚的土层平均需要120～400年，而在水土流失严重的地区，每年流失的土层厚度均在1厘米以上。水土流失问题引起了世界各国的关切。联合国将此列为全球三大环境问题之一。目前全球约有耕地15亿公顷，由于水土流失与土壤退化，每年损失500万～700万公顷。如果以这样的流失速度计算，全球每20年丧失的耕地将达1.4亿公顷，等

上图：我国南方的石漠化地区。下图：当地农民在石头缝里种庄稼。李洲摄

于印度的全部耕地面积。同时,水资源危机凸显。世界银行报告估计,由于水污染和缺少供水设施,全球已有10亿人无法得到安全饮用水。打开地图,上面标注的许多条蓝色河流,在现实中早已干涸或被污染。全球有27亿人口生活在每年至少有一个月严重缺水的流域。据世界卫生组织统计,全球每年有300万～400万人死于和水污染相关的疾病。在发展中国家,各类疾病的80%是饮用不卫生的水传播的。人人拥有安全的食品、水和能源成为一个艰难的目标。

土地沙化、荒漠化扩大。据联合国环境规划署评估,全球土地荒漠化面积由1984年的34.75亿公顷增加到1991年的35.92亿公顷,约占全球陆地面积的四分之一,已影响到全球六分之一的人口、100多个国家和地区,而且荒漠土地仍以每年600万公顷的速度继续扩大。从亚太地区人类活动对土地退化影响的构成看,植被破坏占37%,过度放牧占33%,不可持续的农业耕作占25%,基础设施过度建设占5%。荒漠化的主要危害是导致土地生产力下降、农牧业减产,一些人不得不离开家园别处谋生。据联合国统计,目前全球已有不少于5000万人沦为生态难民。

臭氧层破坏和损耗。1985年,英国科学家观测到南极上空出现臭氧层空洞,并证实臭氧层空洞的形成,与氟利昂分解的氯原子的直接关系。美国航空航天局(NASA)和美国国家海洋和大气管理局(NOAA)的科学家表示,2015年南极上空的臭氧层空洞面积继续扩大,并且证据显示扩大的空洞不是最后几年形成的,而是近期刚刚形成的,其面积已达历史记录以来的第四大水平。2015年的臭氧层空洞面积在10月2日达到最大值,约2820万平方千米,几乎相当于澳大利亚国土面积的四倍。臭氧层遭破坏的直接后果是其吸收紫外线的能力明显降低,使人类接受过量紫外线辐射的机会增加,以致人的免疫系统出现障碍，患呼吸道系统传染性疾病患者增加；过量的紫外线还会增加皮肤癌的发病率。全球范围每年大约有10万人死于皮肤癌，大都与过量紫外线辐射有关。过量紫外线还会诱发各种眼科疾病，如白内障、角膜肿瘤等，还影响农作物的生长。实验表明，臭氧层厚度减少25%，大豆会减产20%～25%。紫外线辐射的增加还会造成浮游植物、浮游动物、幼体鱼类以及整个水生食物链的破坏。

温室气体增加导致气候变暖。十多年前，气候变暖还只是一个猜测，但现在科学界已经达成共识，气候变暖是不争的事实，而且这是一场人为的气候变化。人类排放的温室气体已经超过了自然的吸收能力，大气中二氧化碳不断上升，导致全球气温升高和气候变化。温度的增加导致了海平面的上升，一部分是由于冰川的融化，一部分是由于温度上升使得海水发生体积膨胀。

消融的冰川

今天，世界各地的冰川在迅速地崩塌和消融，加上海洋的热膨胀，20世纪海平面上升了约20厘米。本世纪，地球平均气温的升高将导致海洋继续膨胀，亚洲、北美一些地区极有可能遭受水位和海平面上升带来的强风暴和洪涝灾害。现在，北美的因纽特人已经看到了这样的情形：冰层在消失，北极熊在挨热，鲸也在迁徙；从南美洲到东南亚的贫民区，出现了致命的飓风、塌方和洪水；欧洲人也正在看到：正在消失的高山冰川和变幻莫测的暴风雨。研究事实已证明，地球在近千年或者更长的时间里，一直没有变暖，但在过去的35年时间里，地球却以前所未有的速度在变暖。

世界银行2012年11月公布的报告指出：到21世纪末，如果再不采取持续的政策行动的话，全球气温将上升4℃，后果将是灾难性的。人类将面临这样的局面：沿海地区将在未来几个世纪里被淹没，食品短缺，干旱加剧，缺水加剧，洪涝增多，很多地方尤其是热带地区将遭遇史无前例的热浪；由于气温升高生存条件改变，许多物种将遭受灭亡的威胁；由于全球变暖，携带疾病的生物开始出现在许多新地区；从世界整体来看，2050年可能会有7亿气候难民。大气没有边界，水没有边界，任何国家对全球变暖都没有免疫力。据报道，目前有科学家发现，北极熊竟然啃食海豚，认为是全球气候暖化导致它们饮食习惯改变，生存环境出现危机。

随着气候变化，更多二氧化碳被海洋吸收而引起海洋酸化。科学家发现，海洋的酸度比工业革命前高了30%，比以前的预测要快10～20倍。美国海洋暨大气总署简·卢布琴科（Jane Lubchenco）博士称海洋酸化是与气候变暖"一样罪恶的双胞胎"。海洋中的浮游植物是海洋食物链的底层，它生产着约占地球一半的有机物质，但自1960年以来，海洋浮游植物减少了40%。海洋生物学家说，"没有再比这更大的生物变化了,全球变暖是极为严重的,但海洋的酸化可能更是如此";包括中国和美国在内的多家科学学会联合声明,"海洋的酸化至少在数万年之内不可逆转"。

酸雨危机加重。酸雨是由于二氧化硫和氮氧化物大量排放而形成的。酸雨问题首先出现在欧洲和北美洲,亚太和拉丁美洲的部分地区也未能幸免。欧洲是世界上第一大酸雨区,受影响最重的是工业化和人口密集的地区,即从波兰、捷克经比利时、荷兰、卢森堡三国到英国和北欧。美国和加拿大也是一大酸雨区,加拿大一半的酸雨来自美国。亚洲是二氧化硫排放量增长快速的地区,主要集中在东亚。中国南方是酸雨严重地区之一。酸雨导致生物和自然生态退化、土壤贫瘠并腐蚀建筑物。美国酸雨造成约75%的湖泊、50%的河流酸化,水体严重酸化会导致鱼类灭绝。

生物多样性锐减。联合国环境规划署下属的世界自然保护联盟2010年公布报告指出,自1970年以来,全球野生动物数量已减少31%。英国《自然》杂志预计,因为人类活动造成的影响,50年后100多万种陆地生物将从地球上消失。自恐龙灭绝以来,地球上生物多样性减少比历史上任何时候都快。

生物消失的主要原因是森林砍伐、草原退化、湿地干涸,野生动植物没有了立足之地。这些物种种群支撑着维系地球生命力的生态系统。地球上的不同物种,都是地球生态系统中不可缺少的一个成员。一个物种的灭绝,起码会影响相关30个物种的生存,甚至影响整个地球的生态平衡,从而威胁到人类生存的基础。我们也许很难去想象,还有什么环境能让仙人掌这种极富生命力的植物屈服?然而,一个国际研究小组的研究人员发现,全球近1/3的仙人掌正在面临灭绝的威胁。研究的最新进展发表在科学杂志《自然植物》上,科学家研究了 1500 种仙人掌，其中 31% 被认为面临灭绝的威胁，并总结了三个主要原因：生境丧失、非法出售以及气候变化。

人类生命和健康受到严重危害。全球相当一部分地区由于生态退化、环境污染、食品中有害物质超标等，导致癌症、肺病、肠胃病、心脏病等多发，婴儿出生缺陷率升高。据世界卫生组织报告，全球有近 1/4 的疾病是由于环境暴露造成的，其中 5 岁以下儿童中 33% 以上的疾病是由环境恶化造成的，环境疾病每年造成约 400 万儿童死亡。全世界每年有 1300 万人的疾病死亡可归因于环境原因。另据美国、日本等 20 多个国家调查，1938—1991 年成年男子的精子数量平均减少了 50%。英国阿伯丁生育中心发布的一份研究报告指出，2002 年男性精子在精液中的浓度平均水平比 1989 年下降了 29%。专家认为，导致这一结果的其中一大原因是人们的生存环境恶化，土壤、水源、食物和空气受到污染。

几种大气污染对人体的影响

名称	对人体的影响
二氧化硫	视程减少，流泪，眼睛有炎症；闻到异味，胸闷，呼吸道有炎症，呼吸困难，肺水肿，迅速窒息而死
硫化氢	闻到恶臭，恶心呕吐；人体呼吸、血液循环、内分泌、消化和神经系统受到不良影响，昏迷，中毒死亡
氮氧化物	闻到异味，支气管炎、气管炎，肺水肿、肺气肿，呼吸困难直至死亡
粉尘	眼睛不适，视程减少；慢性气管炎、幼儿气喘病和尘肺病；死亡率增加，能见度降低，交通事故多

名称	对人体的影响
光化学烟雾	眼睛红肿，视力减弱；头疼、胸痛、全身疼痛，麻痹，肺水肿，情况严重者在1小时内死亡
碳氢化合物	皮肤和肝脏受损，致癌死亡
一氧化碳	头晕、头疼、贫血，心肌损伤，中枢神经麻痹，呼吸困难，情况严重者在1小时内死亡
氟和氟化氢	眼睛、鼻腔和呼吸道受到强烈刺激，引起气管炎；肺水肿、氟骨症和斑釉齿
氯气和氯化氢	眼睛、上呼吸道受到刺激，严重时引起中毒性肺水肿
铅	神经衰弱，腹部不适，便秘、贫血，记忆力低下

生态危机是"人为"的"天灾"，是人类要钱不要命发展模式的恶性积累。有史以来第一次破坏地球环境的不是一种自然现象，而是一个单一的物种。显然，不论是从全球来看还是从发展中的中国来看，人类创造的技术圈与所继承的生物圈已严重失去了平衡。人类对地球的影响超过了所有生物。

中国的"增长极限"

生态危机就是生存危机。这也是我国难以回避的现实。

我国几千年来都是农业型经济主导和农耕文明的生活方式。工业革命发源于英国,而后在欧洲、北美和日本等国发展。新中国成立后加快了工业化进程,但遭到十年"文化大革命"的破坏。1978年改革开放后,我国才逐渐建立起现代工业体系,成为世界工厂和世界第二大经济体。这个发展速度,是独属于中国的经济奇迹。所以我们常常说,我国用30年时间走完了西方发达国家上百年的发展道路,我们走的是一条"赶超型"、"压缩型"的路。但是,我们为此付出的代价也是无比巨大的:发达国家在两百年间才陆续出现的环境问题、生态问题,在我国集中出现。资源约束紧张、环境污染严重、生态系统退化的严峻形势,难以支撑我国按目前的经济模式继续向前发展。

生态文明启示录　SHENGTAI WENMING QISHILU
危机中的嬗变　WEIJIZHONG DE SHANBIAN

我国用 30 年间时间创造了世界经济奇迹，成为世界第二大经济体，其背后付出的是巨大的环境代价。图为深圳鸟瞰图　李洲　摄

一、资源之困

中国是个大国。就国土面积而言，排在俄罗斯、加拿大之后，位居第三；以自然资源排序，按不同排法大致排在第三至第六位；改革开放以来，国民生产总值排位不断上升，已跻身经济大国行列……然而真正在世界各国中独占鳌头、别国无可匹敌的是人口，是总量超过 13 亿、占世界 21.3% 的人口，相当于所有发达国家人口数量的总和。因此在我国，什么事都禁不起"人均"，只要一"人均"，我们引以为豪的"地大物博"瞬间就变成"地大物薄"。我国各类资源也比较丰富，总量也算可观，但人均占有资源却大大低于世界人均水平，是典型的资源短缺国家。几乎所有资源，分摊到 13 亿人的人头上，都少得可怜。按人均计算，我们耕地是世界平均水平的 40%，草原是 30%，森林只有 20%，淡水 25%，大多数矿产资源人均

占有量不到世界平均水平的一半。人均石油可开采储量、人均天然气可开采储量均不到世界平均水平的1/10。对中国这样的人口大国来说，资源和能源不可能长期依靠进口，一切必须立足于自己脚下的土地。因此，资源的短缺是中国发展的真正"短缺"和"忧患"。

我国资源总量不足，而消耗速度却十分惊人。据统计，新中国成立半个多世纪以来，中国一次能源生产总量从1949年的2334万吨标准煤到目前已超过33亿吨，成为世界第一大能源生产国。资源、能源可谓超常规利用。

我国陕北神木县，"因煤而兴，因煤而富"，也因煤而败。500多亿吨的煤炭探明储量，让神木曾经构建了一个让人艳羡的优质煤炭王国。如今已是资源枯竭，神话不再。

曾经"一油独大"的甘肃玉门，由于过度开采，石油产量开始下滑，环境破坏严重。如今，这里人口已不足三万，经济萧条。

湖北黄石，矿竭城衰。

云南东川，天南铜都，铜矿资源濒临枯竭。

全国118座资源枯竭城市行走在艰难转型的路上……

巨大的地下财富成就了无数城市的光荣和梦想，也留下了裸露的河山，满地的疮痍。

一方面是资源的短缺，而另一方面却是资源的过度浪费和过低利用。统计数据显示，新中国成立50多年来，我国的GDP增长了10多倍，矿产资源消耗却增长了40多倍。平均每增加1亿元GDP需要高达5亿元的投资。

国务院发展研究中心研究室主任周宏春分析，"从总体看，我们国家的能源利用水平还是比较低的，跟发达国家比，特别是跟日本比大概差一半，也就是说我们消耗一吨能源产生出来的GDP，大概是日本的一半。与欧洲国家比，我国的能源消耗大概还要比欧洲国家高出约40%。我国的高能耗与发展阶段相关。在工业化进程中，我们国家现在城市化率比工业化率要低一些、滞后一些，那么在这个阶段由于人的素质问题、技术问题，最主要是产业结构问题，我国的重化工对经济发展的拉动作用要大一些。因此，我们跟发达国家比是能耗高的，跟发展中的印度比，相对还要低一些。因为印度还没进入到工业化快速阶段，还没有制造大量的水泥钢材等，于是从能耗强度上看，也就是说从单位能源消耗产生的 GDP 这个角度看，我国能源消耗低于印度。因此，资源利用方式跟我们的发展阶段有关系。但是我们资源利用的效率不高，资源没有得到很好的利用，造成了一系列的环境问题。"

资源压力给我国的发展带来沉重的负担。2011年，我国 GDP 总值 47.288 万亿元，成为全球第二大经济体，全球经济力量对比正在发生深刻变化，各国围绕能源资源、气候变化、温室气体排放等生态问题的博弈日趋激烈。目前我国一些重要资源需要从别的国家进口来满足生产需求，对外依存度在不断上升。值得注意的是，由于中国经济快速发展，为世界各国源源不断地提供了大量价廉物美的产品，但同时对矿物原料进口产生了庞大需求，无形中在国际资源配置格局中形成了一种"洗牌"效应。这自然会引起国际上的种种不安，导致了中国能源威胁论的产生，更有国际石油大鳄炒作"中国饿虎论"。

事实上，从20世纪90年代以来，国际上关于我国资源支撑的争论一直没有停止过，并出现过多次较大的争论。第一次是1994年，美国世界经济研究所布朗提出"谁来养活中国人"，引发了一场粮食问题的大争论；第二次是1992年以来，国际上掀起一股"中国威胁论",直接影响了西方大国对华政策的重新制定;第三次是2001年开始出现的"中国崩溃论",无限放大中国经济社会中存在的一些问题,并草率得出"唱衰中国"的结论;第四次则是2004年前后的"中国统计水分论",对中国经济发展成就提出怀疑;第五次是2007年,"中国产品有毒论"甚嚣尘上。近年又提出中国责任论等。所有这些争论,可以归为相互对立的两大类,即中国崩溃论与中国威胁论,它们都与中国经济快速发展及其资源支撑问题,有着直接或间接的联系。

我国不能忽略这些因素,必须防范、规避、化解其中所蕴含的风险。

二、生态环境之危

天地间,万物循环,能量不灭。那么多没能被充分利用的资源、能源去了哪里?它们化作废气、废水、废渣和各色垃圾充斥在我们的生活空间里,侵害着我们的身体健康,威胁着我们的生存。雾霾天气、饮水安全问题、土壤重金属污染……原来人们乐于谈到的经济增长话题已被对环境的忧心忡忡所替代。

据环境保护部发布的《2015中国环境状况公报》,全国423条主要河流、62座重点湖泊(水库)的967个国控地表水监测断面(点位)开展了水质监测,六成监测点、地区地下水水质较差或极差。我国接连发生水污染事件,水环境安全引发人们担忧。

渤海,因鱼量丰富而被称为"鱼仓",但如今,这里几乎成为了"死亡之海",各种鱼类大量消失。渤海沿岸有57个排污口,渤海每年承受着来自陆地的28亿吨污水和70万吨污染物,生态环境严重恶化。

海洋生物大量灭绝，出现了"海底沙漠"现象。

过去十多年中，淮河流域的河南、江苏、安徽等地出现了许多"癌症村"。媒体形容为"一条河流流出二十几个癌症村"。如今，20年的整治过去了，淮河已成"坏河"，污染还在继续。

土壤污染也同样触目惊心，因受农药和工业污染的侵蚀，大片土地失去了再生能力，再也长不出庄稼。

根据国家环保部门组织的《典型区域土壤环境质量状况探查研究》调查显示，珠三角部分城市有近40%的农田菜地土壤重金属污染超标，其中10%严重超标。长三角有的城市连片农田受多种重金属污染，致使10%的土壤基本丧失生产力。而中国环境监测总站的资料则显示，我国重金属污染中，最严重的是镉污染、汞污染、血铅污染和砷污染，其中，镉污染和砷污染的比例最大，分别约占受污染耕地的40%，超过7亿亩良田。

此外，城市土壤同样是工业污染的重灾区。伴随着我国城市化进程的加快，大量城市中的工矿企业搬迁改建后，遗留下大量的受污染土地。

土壤污染直接危及我国人民的"吃饭问题"。我国人均耕地面积一直低于同期世界平均水平，而且减少速度快。据统计，我国耕地总面积从1996年的19.5亿亩降至2010年的18.18亿亩，人均耕地面积由1.593亩降至1.356亩。因此，2008年我国颁布实施的《全国土地利用总体规划纲要》提出，到2020年全国耕地保持在18亿亩，18亿亩是耕地"红线"。但工业化、城镇化等各种方式造成耕地被占用和被污染弃用，正在快速逼近耕地"红线"。

严重的大气污染也已成为人民群众的"心肺之患"。

2013年12月9日，一场罕见的大范围雾霾笼罩中国，陆续有

25个省份、100多座大中城市不同程度出现雾霾天气。2014年1月4日,国家减灾办、民政部通报2013年自然灾情,雾霾天气首次被纳入。

从南到北,从东到西,让人窒息的雾霾像幽灵一样飘浮在众多城市的上空,持久不散。二氧化硫、氮氧化物以及可吸入颗粒物这三项是雾霾的主要组成,最后一项颗粒物是加重雾霾天气污染的罪魁祸首。它们与雾气结合在一起,让天空瞬间变得灰蒙蒙的,它们在人们毫无防范的时候侵入人体呼吸道和肺叶中。

雾霾成因很多,但主要还是用煤太多了。我国境内95%以上的经济活动集中在1/3的国土,尤以京津冀、长三角、珠三角为甚。在经济活动密集的150万平方千米国土上,燃煤、燃油等能源消费占全国的70%以上,相当于在每平方千米土地上每年燃烧2000吨标准煤。如此大密度燃烧高污染的煤炭等能源,使空气质量持续恶化无法避免。加上每年新增近2000万辆机动车,我国大气污染日益呈现煤烟型污染与汽车尾气污染叠加的重度复合污染态势。

近两年,虽然我国通过大力治理使大气污染有所遏制,但总体状况仍不容乐观。据环保部发布的《2015中国环境状况公报》显示,2015年,全国338个地级以上城市中,有73个城市环境空气质量达标,265个城市环境空气质量超标。

治理速度总是赶不上破坏速度,我国陷入了"破坏—治理—再破坏—再治理"的恶性循环。

当前,我国近80%以上的草原出现退化,水土流失面积占国土总面积的37%;生物多样性锐减,濒危动物达250多种,濒危植物达350多种;生态系统缓解各种自然灾害的能力减弱。第五次全国荒漠化和沙化土地监测的数据显示,截至2014年,我国荒漠化土地面积261.16万平方公里，沙化土地面积172.12万平方公里。荒漠化和沙化土地面积分别占国土面积的1/4以上和1/6以上，近4亿人口受到荒漠化的影响。

许多事情刚刚发生时，我们并不知道，等察觉过来，才发现山河已不是过去的山河。20世纪90年代，我国知识界、经济界都很少有人谈生态问题，一般认为"现在谈生态问题很奢侈，这是西方国家的话题，我们要关注的是现实。"但转眼之间，问题就来了，"生存"与"生态"，从没有像今天这样联系紧密。生态安全已关系到了国家安全。

继"18亿亩耕地红线"后，党的十八大又明确提出了要划定"生态红线"，这是另一条被提到国家层面的"生命线"。2014年修订的《中华人民共和国环境保护法》第二十九条规定："国家在重点生态功能区、生态环境敏感和脆弱区等区域划定生态保护红线，实行严格保护"。

18亿亩"耕地红线"、37.4亿亩"森林红线"、8亿亩"湿地红线"——这一个个"生态红线"的设立，其实就是在明确一个底线，也是科学发展的保障线、生态安全的警戒线、促进生态平衡的控制线，万不可再越雷池一步。

生态学家黎祖交从生态学角度这样分析当前我国的生态环境困境："对人类而言，生态系统的承载力指的是生态系统所能承载的人口的数量，和人类活动的强度，是生态系统为人类的生存繁衍和经济社会发展提供的资源、环境、生态服务都有一定的限度，超过了这个限度就要出问题。就拿资源来说，人们在生产生活中，消耗了过多的资源，资源的利用率过低，那么必然排出的废弃物就要多，废弃物多了必然就要造成环境的污染，这说明资源和环境是相互的。那么环境污染掉过头来又使得人类可以利用的有效资源相应减少，比如说我们的水源，本来它就是有限的，又污染了，污染以后我们能喝的水不就少了吗？这不是很正常的事吗？"

现实告诉我们，无论是全球性生态危机还是我国严重的生态环境问题，都是首先由对自然资源的掠夺和破坏造成的。节约资源才是破坏生态危机的根本之策。节约资源，才是改善生态环境、破解生态危机的根本之策。

以节约纸张为例，回收1吨废纸能生产0.8吨好纸，那么就可以少砍掉17棵大树，可以节约一半以上的造纸能源，还可以节省3立方米的垃圾填埋空间，减少35%的水污染。

因此，节约就是保护，保护环境，保护生态。节约资源，要通过绿色发展、循环发展、低碳发展来实现。这构成了我们建设生态文明的路径选择。本书在下一篇将对此详解。

土壤之殇

"但存方寸地，留与子孙耕"。土地即粮食，粮食即土地。不管是落后的农业国家还是现代化的工业国家，都离不开粮食这一民生命脉。中国作为世界上第一人口大国，几十年间创造了用7%的耕地养活五分之一世界人口的奇迹。但在这伟大成就的后面，是日益不堪重负、满目疮痍的土地。它正通过依附于它的农民兄弟向我们传达着日益强烈的痛觉信号。

生态文明启示录 | SHENGTAI WENMING QISHILU
危机中的嬗变 | WEIJIZHONG DE SHANBIAN

这是湖南某地因为遭受污染发生变异的橘子,中间为正常的橘子

这是广西某地被污染的土地上长出的玉米

这是广西某地山谷里堆积着的大量工业固体废料

农民看着人去屋倒的场景说:"这哪里还是个家呀"

(本章节图片摘自《新京报》2014年12月6日《回不去的家园》新闻报道)

在一些农村,大量工业废料给当地生态环境带来难以挽回的创伤,在土地上世代生息的农民不得不背井离乡,成为环境移民。在古代,当环境条件恶化,人们通常所做的就是逃离家园,移民他乡,几千年过去了,我们的农耕者依然重复着同样的命运。

透过媒体报道,土壤重金属污染案例近几年在广东省、江西省、湖南省湘江流域、广西壮族自治区龙江流域等地不断出现。这些案例多见于乡村,但不代表城镇居民远离了威胁,因为重金属污染土壤与水源后,可通过多种食物链逼近所有人。

与其他有机化合物的污染不同,重金属污染很难自然降解。不少有机化合物可以通过自然界本身的物理、化学或生物净化,降低或解除有害性。但重金属具有富集性,如铅、镉等重金属进入土壤环境,会长期蓄积并破坏土壤的自净能力,使土壤成为污染物的"储存库"。在这类土地上种植农作物,重金属能被植物根系吸收,造成农作物减产或产出重金属"毒粮食"、"毒蔬菜"。

2014年4月,中国首次土壤污染调查公报公布,镉污染是8种重金属污染中的最大头,超标点位达到7%。与此同时,镉含量在全国范围内普遍增加,在西南地区和沿海地区增幅超过50%。

据2013年国土资源部副部长王世元在新闻发布会上公布的数据,中国约有5000万亩土地因污染严重,无法耕种。"18亿亩"耕地红线面临"失守"的窘境。目前,我国仅存耕地面积18.26亿亩,人均耕地只有1.35亩,全国600个县(区)人均耕地低于联合国粮农组织确定的0.8亩的警戒线。守住耕地红线压力很大。

除了重金属污染,广大土壤还承受着农药、化肥的长期侵蚀。

为了追产,我国大规模使用农药已有20多年,放眼全国,除了山地,所有土地都在大量使用农药、化肥。

中国科学院博士生导师蒋高明，自2005年以来带领一批批研究生在自己的家乡山东省平邑县卞桥镇蒋家庄进行生态农业实践，承包了约40亩低产田，办了一个生态农场。在10年的生态农业实践中，中国农村的污染问题让他痛心又痛心，其中一个问题就是土壤过量施肥。他在万字的调查报告《千疮百孔的中国农村》中记录了土壤施肥的真实状况：农民向环境中使用了多少化肥农药？一般一亩地三四百斤化肥，两三斤农药，这些化学物质，能够被利用庄稼或保护庄稼的，占10%~30%，也就是说大量化学物质是用来污染的，污染的比例高达70%~90%。大量化肥、除草剂等农药、地膜造成土壤污染和土地肥力的严重下降，土地肥力下降又带动了农药化肥产业兴旺。政府在源头补贴化肥、农药、农膜等，以至于这些化学物质非常便宜，使用起来连农民都不心疼——农民除一亩杂草，除草剂的费用仅为2.1元。

土地污染使"勤劳致富"已成为过去式。越来越多的农民离开了土地。

正如蕾切尔·卡逊几十年前在《寂静的春天》一书中所说：这些武器在被用来对付昆虫之余，已转过来威胁着我们整个的大地了，这真是我们的巨大不幸。

美国环保局证实，92种以上农药可以致癌，90%杀虫剂也可以致癌。受残留农药毒害所造成的癌症、先天畸形胎儿、先天愚形胎儿、两性儿、神经系统失调、心脑血管疾病、消化道疾病等触目惊心，随处可见。

另据统计，我国目前每8对夫妻就有一对不育，这比20年前提高了3%。医学家对此数字进行研究时发现，我国男性的平均精子数仅有2000多万个，而40年代是6000多万个。残留农药就是造成目前 10% 以上不孕不育的主要原因之一。

著名的科学家钟南山大声疾呼：如此下去，残留农药不控制，再过 50 年中国人将生不出孩子了！

为了我们自身的健康，为了我们的子孙后代，治理土壤污染、拯救乡村文明迫在眉睫。

2016 年 5 月，国务院印发《土壤污染防治行动计划》（简称"土十条"），对我国土壤污染防治工作作出了系统而全面的规划及行动部署，成为继"大气十条"、"水十条"之后，我国应对重点环境问题的又一行动纲领。同时，成立了由环保部、发改委、科技部等部门组成的土壤污染防治部际协调小组，12 个中央单位齐抓共管。这次"治土计划"被媒体解读为为土壤"刮毒疗伤"。

土壤污染不仅成因复杂，较难察觉，且易于积累，稀释性差，特别是土壤中重金属难以降解，因此，这次"刮毒疗伤"可谓难度大、代价大。有关专家指出，农用地治理与修复成本每亩几千到几万元，污染地块土壤治理与修复成本每立方米几百到几千元。土壤污染治理成本可见一斑。鉴于此，我国确定了"预防为主、风险管控、切断来源、协同治理"的土壤污染防治思路。根据欧美发达国家土壤污染治理经验，污染预防、风险管控、治理修复的投入比例大致为 1∶10∶100。显然，预防为主是我们必须坚持的优先策略。

还土地以生机，就是还人类以生机。危机当头，但愿我们的防控速度能追上污染速度。

感染的"血脉"

江河湖海游走于大地,就像血脉循环于人的身体。它们与我们的联系是如此非同寻常。为了拓展生存空间,我们从大禹治水起就探索着一步步走进江河湖海,造福众生,但今天我们又一步步将之推向毁灭……

十年间,刘永凯送走的乡亲,不止100人,如今他也患上了严重的胃病,"送的死人多了,心也硬了,自己得啥算啥吧。"——这是2013年《新京报》记者采访癌症村记录下的一个村庄的悲凉。安徽省颍上县新集镇下湾村,是淮河流出来的多个癌症村之一。这个千人村庄10余年间200人患癌死亡,目前1/3的村民患有肝炎。

"走千走万,不如淮河两岸。"淮河,曾带给沿岸人民那么美好的安居时光。淮河是中国第三大河流,介于长江流域和黄河流域之间,流域面积约27万平方公里,主要流经河南、安徽、山东、江苏四省的40多个地(市),180多个县(市),供养着流域内的1.7亿人,人口密度是全国平均人口密度的4.7倍。可是如今这条曾养育两岸人民的河却成了杀人无形的凶手。"50年代淘米洗菜,60年代洗衣灌溉,70年代水质变坏,80年代鱼虾绝代,90年代身心受害。"新民谣真实地反映了淮河饱经沧桑的历史。

一直以来淮河地区的经济发展落后于全国平均水平,淮河流域更是集中了沿淮四省最贫困地区，面临的最大问题就是发展经济，改善老百姓生活质量。从20世纪80年代开始，围绕着淮河以及各支流，造纸、酿造、制革、化工等行业迅速发展，带来了经济的繁荣，人们的生活水平得以提高。但同时这些产业普遍存在资源消耗大、污染严重的特点，大量的污水直排入河。淮河各支流水质急剧恶化。过去十多年中，淮河两岸"癌症村"多发，村民们的水井越打越深，不过死亡还在增加。

1994年7月，淮河发生了重大水污染事件。淮河上游因突降暴雨而开闸泄洪，积蓄的2亿立方水被放掉。但这些积蓄水的水质低劣，所经之处，河面上泡沫密布，鱼虾死亡殆尽。下游居民饮用了经自来水厂处理过的淮河水后，出现恶心、腹泻、呕吐等症状，沿河各自来水厂被迫停止供水54天，百万淮河民众饮水告急。

这一事件引起中央高层重视。1996年，国务院发布《淮河流域水污染防治规划》，启动了我国治污史上的第一个重大工程——淮河治理。但20年过去了，尽管众多排污企业已关闭，淮河流域地表水质从劣五类改善为五类、四类水，但旧污未除新污又至，污染还在持续。

同时，当年水污染的遗祸仍在。历时近8年的研究后，2013年6月25日，《淮河流域水环境与消化道肿瘤死亡图集》数字版出版，这是中国疾控中心专家团队长期研究的成果，首次证实了癌症高发与水污染的直接关系。疾控专家指出，由于企业排放的污水进入河道，污水中的汞、铅、镉等各种化学元素长期渗入地下，尽管这些年淮河流域的地表水质有所改善，但癌症发病率的正常回归，起码还需10年。

沿河而建的工厂

企业污染，政府埋单。为了治理淮河污染，国家不断出台政策，并投入了巨额资金在淮河流域投资建设了多家污水处理厂，国家在2008年以前就已先后投入近200亿元治污费，最终效果却仿佛只是打了个水漂儿。工业废水是淮河水域的重要污染源，而工业污染的处理难度远超人们想象，具有量大面广、成分复杂、毒性大、处理难的特点。

真可谓"污来如山倒，去污如抽丝"。人们感叹：淮河已成了"坏河"。

其实，"坏掉"的又岂只淮河！国家与淮河治理一起启动的，是"三河三湖"：辽河、海河、淮河，太湖、巢湖、滇池，这些区域目前仍处于严重污染的状态。海河流域为重度污染，黄河、淮河、辽河流域为中度污染。水污猛于虎。它对人民群众的危害丝毫不亚于雾霾。而水污染的根源就在于野蛮的经济增长方式和企业丧失伦理道德的肆意排污。

2007年，中国黄河保护委员会曾对长达13公里的某河段进行过考察,发现沿岸上竟然建有四千多个石油化工厂,都在直接排污。而据环保部的统计数据,全国近80%的化工、石化项目布设在江河沿岸、人口密集区;黄河流域开发利用率高达82%、淮河流域达53%、海河流域更是超过100%,远超国际通行的40%的开发上限。

有人说,想污染一个地方有两种方法,用垃圾,或者用钞票。此言不虚。能产生利益的地方,就有污染。沿着每一条污染线几乎都可以追查出一串犯罪,对老百姓犯下的罪,对大自然犯下的罪。

我国属严重缺水国,人均淡水资源仅为世界人均量的四分之一,居世界第109位,已被列入全世界人均水资源13个贫水国家之一。而且分布不均,与土地资源分布不相匹配,南方水多、土地少,北方水少、土地多。水污染加剧了我国水资源的消失。我国的河流数目已从20世纪50年代的5万条下降到了现在的2.3万条,北方水源日渐干枯。

水源剧减的连锁反应之一就是水生态受损严重。我国湿地、海岸带、湖滨、河滨等自然生态系统水源涵养能力下降。湿地,地球之肾,正以令人揪心的速度从我们眼前消失,同时消失的还有无数失去家园的飞鸟、水禽。截至2015年底,相较于20世纪50年代,长江中游70%的湿地已经消失。湿地保护虽然在局部地区成效显著,但是整体形势依然严峻。中国林业大学自然保护区学院雷光春教授感叹,"我们打了很多胜仗,但却在失掉整个战争。"

三江平原湿地面积已由新中国成立初期的5万平方公里减少至0.91万平方公里,海河流域主要湿地面积减少了83%。长江中下游的通江湖泊由100多个减少至仅剩洞庭湖和鄱阳湖,且持续萎缩。沿海湿地面积大幅度减少,近岸海域生物多样性降低,渔业资源衰退严重,自然岸线保有率不足35%。

生态文明启示录 | SHENGTAI WENMING QISHILU
危机中的嬗变 | WEIJIZHONG DE SHANBIAN

"上帝爱鱼，于是造了江河湖海；人也爱鱼，却造了渔网"。海洋，地球气候变化的影响者，氧气的制造者，人类的大粮仓，在人类贪婪地攫取下已然不堪重负。2015年3月，国家海洋局发布的《2014年中国海洋环境状况公报》显示，中国2014年近岸局部海域污染严重、陆源排污压力巨大、海洋生态环境不断恶化；辽东湾、渤海湾和莱州湾成为海水污染重灾区；塑料废弃物依旧是中国近岸海域海洋垃圾的主要类型。

过度捕捞，超标排放，围海养殖，填海造田，石油开采……各大近海渔场的资源濒临枯竭；生活垃圾、工业废料、废水大量入海，导致许多近海生物因丧失栖息环境而大量灭绝，海洋食物链出现断层。

中国有近2/5的人口和2/3的国民生产总值分布在沿海地区，海洋失守对我们经济社会的影响可想而知。

由于高密度的养殖，大量饵料未被摄食，残饵溶生的氮、磷等营养物质使海水污染严重，海南文昌海底珊瑚礁大量枯死，底部海域几乎成不毛之地（《国家地理》杂志肖诗白 摄影）

为拯救命脉，推进社会共治，2015年4月16日，国务院正式向社会发布《水污染防治行动计划》（以下简称"水十条"），十条35项具体措施，把政府、企业、公众攥成一个拳头，向水污染宣战。据测算，"水十条"投资将达两万亿元。经过多轮修改的"水十条"将在全面控制污染物排放、促进经济转型、节约用水资源等多方面进行强力监管并启动严格问责制，铁腕治污进入了"新常态"。

正如世界对中国所期待的："中国在创造了经济奇迹之后，也需要创造一个环境奇迹。"我们的江河湖海，正挣扎在生死边缘的江河湖海也迫切期待着这一奇迹的到来。

为什么先污染后治理的路我们走不了

由于西方发达国家都是走的"先污染后治理、先破坏后补偿"的发展道路，所以有一种观点就认为这也是发展中国家实现工业化不可逾越的定律，也必须这样走，这是现代工业化的必由之路。在我国持这种观点的也大有人在。

就在作者写这篇文章的时候，国内又发生了一起令人震惊的环境污染事件。常州外国语学校自2015年9月搬到新校址后，数百名学生出现皮炎、湿疹、支气管炎、血液指标异常、白细胞减少等异常症状，个别甚至罹患淋巴癌、白血病等恶性疾病。经检测，该校区地下水、空气均检出污染物。原来，学校原址旁是三家相邻化工厂，邻近土地污染严重。一名在常隆化工工作了30多年的老员工说，在他记载的生产日志上，像克百威、灭多威、异丙威、氰基萘酚这样的都属于剧毒类产品。而厂里职工有时候为了省事，不光将有毒废水直接排出厂外，还将危险废物偷偷埋到了地下，给环境带来了很大隐患。

一份项目环境影响报告显示，这片地块土壤、地下水里以氯苯、四氯化碳等有机污染物为主，萘、苊并芘等多环芳烃以及金属汞、铅、镉等重金属污染物，普遍超标严重，其中污染最重的是氯苯，它在地下水和土壤中的浓度超标达94799倍和78899倍，四氯化碳浓度超标也有22699倍，其他的二氯苯、三氯甲烷、二甲苯总和高锰酸盐指数超标也有数千倍之多。北京大学公共卫生学院教授潘小川指出，以上这些污染物都是早已被明确的致癌物，长期接触就会导致白血病、肿瘤等。

几百名学生用健康和生命为泯灭良心的企业污染行为埋单！

再看看一个个在痛苦中挣扎的"癌症村"，被金属污染毁得身体畸形的农民，被污染的土地结出的异形果实，我们还能不动声色地说"先污染后治理"吗？还能心安理得地说："先把经济发展起来再治理环境也不迟"吗？

先污染后治理的代价何其大，西方国家早已深受其害。以英国伦敦烟雾灾难为例，从1878—1962年伦敦共发生过6次重大烟雾公害事件，每次都造成成千上万的人发病甚至死亡。我们再历数一下世界范围内在1972—1992年发生的十大污染事件：北美死湖事件、卡迪兹号油轮事件、墨西哥湾井喷事件、巴西库巴唐死亡谷事件、西德森林枯死病事件、印度博帕尔公害事件、苏联切尔诺贝利核泄漏事件、欧洲莱茵河污染事件、雅典"紧急状态事件"、海湾战争油污染事件。其中的印度博帕尔公害事件发生在1984年，是由美国的公害输出所导致。这年的12月3日凌晨，震惊世界的印度博帕尔公害事件发生。午夜，坐落在博帕尔市郊的"联合碳化杀虫剂厂"一座存贮45吨异氰酸甲酯贮槽的保安阀出现毒气泄漏事故。1小时后有毒烟雾袭向这个城市，形成了一个方圆25英里的毒雾笼罩区。首先是近邻的两个小镇上，有数百人在睡梦中死亡。随后，火车站里的一些乞丐死亡。毒雾扩散时，居民们有的以为是"瘟疫降临"，有的以为是"原子弹爆炸"，有的以为是"地震发生"，有的以为是"世界末日的来临"。一周后，有2500人死于这场污染事故，另有1000多人危在旦夕，3000多人病入膏肓。在这一污染事故中，有15万人因受污染危害而进入医院就诊，事故发生4天后，受害的病人还以每分钟一人的速度增加。这次事故还使20多万人双目失明。迄今当地印度民众仍经常在纪念日游行示威。

印度民众悼念博帕尔事件遇难者

西方国家在20世纪初已经意识到传统的发展方式已经走到尽头，被迫走上了边污染边治理的道路。很显然，先污染后治理与其说是"经验"，不如说是教训，是人类发展史上的严重失误。难道我们还要重蹈覆辙走上这条西方国家都已不再走的路吗？

我国现在的发展条件同当初西方国家的条件已完全不能比较。一是我们的资源如此短缺，生态环境如此脆弱，我们已经"污染不起"了！二是像发达国家那样转移污染、输出公害的做法我们国家干不出来，学不了，也绝不能学。三是"先污染后治理"的代价我们付不起。日本治理全国最大的淡水湖——琵琶湖的污染，花费了38年的时间，耗资185亿美元才初见成效。我国云南的滇池，20世纪50年代还清澈见底，80年代以来遭到越来越重的污染，但由于重视不够，直到1993年才开始治理，20年来，累计投资总额已超过了当地产业发展所获经济效益，而污染状况仍没有根本改观。英国的泰晤士河的治理更具有典型意义。泰晤士河源于英格兰西部的科茨沃尔德山，被英国人称为"老父亲河"。原本清澈、旖旎的泰晤士河自19世纪初开始变成一条臭河、死河，工业污染和生活垃圾遍布其中，水质急剧恶化，及至伦敦附近，更是污浊不堪。1878年泰晤士河上发生过一次游船沉没惨案，造成640人死亡。调查结果表明，大多数游客并非溺水而亡，而是弃船跳河后中了污水之毒丧命的。直到20世纪五六十年代，英国才采取得力治理措施，成功治污。如今，泰晤士河被公认为世界上流经城市水质最好的河流之一，然而，英国为此付出的代价实在太大了：前后用了120年的时间，投入不少于600亿美元。且不说所造成的资源、环境、生态的损失有多大，仅由于河水重污染引发的霍乱疾病就夺去了4万多人的生命。

我们经济发展的成果是要让人民幸福还是要去为当初的污染加倍"还债"？答案不言而喻。

放开二胎考验中国资源

2015年10月,中共十八届五中全会宣布全面放开二胎的政策,从此一对夫妇可以生育两个孩子了。一时之间中国结束长达35年的严厉的节育措施的新闻登上了国际各大网站的头条。国内民意第一反应基本上是"喜大普奔",国际舆论反映不一,赞同者有之,担心世界粮食不够吃、操心中国教育医疗社会保障跟不上的亦有之。为什么放开二胎?放开二胎会否加速中国资源的耗尽?给中国会带来哪些考验?这得先从人口、环境、发展的相互影响谈起。

人口增长对经济发展的影响如何一直是个争论不休的问题。"二战"以后,世界人口加速增长,资源环境的压力空前加大,学界开始重视人口与环境的关系问题,西方各国先后出现了悲观派和乐观派两种论调。

早在18世纪后期,古典经济学家亚当·斯密在《国富论》中把人口增长看作经济增长的两个主要因素之一。他的观点是,人口增长使劳动力数量增加,而劳动力增加使劳动分工变得越来越细,从而导致劳动生产率不断提高。而后来的人口学家和经济学家马尔萨斯认为,人口增长将会导致生活水平的下降和经济增长的停滞。这两位经济学大师的观点一直延续到当代,被称作悲观派和乐观派。悲观派也被称为"马尔萨斯主义",例如艾里奇在《人口爆炸》一书中忠实地继承了马尔萨斯的人口级数增长理论,认为人口增长过快会对环境生态系统造成相当大的冲击而引发各种危机,从而影响人类的后续发展。作为悲观派代杰出代表的罗马俱乐部也发表了研究报告《增长的极限》。悲观主义的观点认为,人口增长对经济发展有不利影响,集中在经济增长的阻碍和对资源、环境的破坏上。

人口增长是否阻碍经济,或者说人口增长是"炸弹"还是"生产力"?这取决于人口对经济发展而言是不是"红利"。中国放开二胎就是基于人口老龄化及人口红利减退的重大战略调整。

什么叫人口红利?就是 20~60 岁的劳动人口大于 20 岁以下和超过 60 岁以上的人口,劳动人口大于非劳动人口,那么就有人口红利。反之,非劳动力多于劳动力,就是人口红利消失。也就是说,人越多创造的资源越多,消耗的资源低于创造且成正比的时候就红利了;消耗的资源大于创造,且成正比的时候就没利了。通俗地说,人多力量大的时候就是人口红利,人多祸害多的时候就是负担。

我国目前已到了人口红利消失的时候了。从 2012 年开始,我国 15~59 岁的劳动力人口数量出现下降,目前劳动力占总人口的比重 69.2%。据国家统计局最新数据,目前全国人口为 13.73 亿,截至 2015 年年底,60 岁以上人口 2.2 亿,占比 16.1%,每 6 个人中就有 1 个是老年人。劳动力下降的同时,老龄化在加速。

按照联合国的标准,60 岁以上老年人口在人口中的比例达到 10%,或者 65 岁及以上的老年人口占总人口的比例达到 7%,一个国家或地区就成为老龄化社会。中国早在 2000 年就已经进入老龄化社会。

也就是说,如果生育水平不能出现实质性的回升,按照联合国的预测,21 世纪中叶以后中国人口抚养比依然持续上升,2070 年将达到 0.8 的超高水平，即 4 个劳动力至少需要供养 2 个老人和 1 个小孩。

也有人认为，发达国家没有实行过计划生育，也进入老龄化社会了，人家不是过得挺好吗？所以人口老龄化是正常现象，并不可怕。但实际上，中国的老龄化与发达国家的老龄化有三点不同：第一，发达国家进入老龄化时，人均 GDP 一般在 5000～10000 美元，具备一定的经济实力，有能力解决老龄化带来的一系列社会问题。而中国在 21 世纪初进入老龄化时，人均 GDP 仅 1000 美元，与发达国家的差距很大，应对老龄化的能力也大不相同。简单地说就是，发达国家是"先富后老"，而中国是"未富先老"。第二，发达国家的老龄化是逐渐形成的，社会压力也是逐渐出现的；中国的老龄化是短时期形成的，中国只用了 20 多年就完成了西方发达国家一个世纪甚至更长时间才完成的人口老龄化转变。第三，发达国家的生育率是缓慢下降的，最低时也接近二胎，即每对夫妇平均差不多有两个子女，而中国实行的是一胎化的计划生育政策，因此中国的老龄化程度将比发达国家严重得多，与老龄化相关的各方面问题也会因此而严重得多。

因此，从发展经济和防止"未富先老"的角度出发，中国放开二胎不是应不应该，而是已经放迟了。而且，人口老龄化的影响不仅仅局限于经济领域，给家庭和社会也带来了冲击，老龄化加重了家庭照料老年人的负担。

中国期望通过调整生育政策来缓解 20 年之后的高度老龄化局面，使总人口变化更加平稳，并再次获得人口红利。

人口、环境、发展，从来都不是独立存在的，而是三者交织在一起，相互影响，这是环境问题的实质所在。中国作为文明古国和加速走向现代化的国家，在处理三者的关系和环境问题上，有过成功的经验，也有过不少教训。环境科学家曲格平和李金昌先生等认为，历史上曾经有过先秦的人口、环境的"黄金时代"，秦至西汉的第一次恶化，东汉至隋朝恢复，唐至元朝第二次恶化，明清以来的严重恶化等不同时期。历史上的考察说明，环境同封建统治阶级的经济、政治、军事政策、国家的治理有很大关系，特别是战争的破坏导致环境变得恶劣。1949年中华人民共和国成立以后，面临着医治战争创伤，由农业国转变成工业国的任务，第一位是发展生产，改善民众生活，环境问题提不到议事日程，这是可以想见的。1958年大炼钢铁，"大跃进"，紧接着出现国民经济困难，森林、草场、矿产资源、土地建设等遭到不同程度的破坏，其后又经历了10年动乱，20多年对环境的破坏是严重的。20世纪70年代以来逐渐有所改观，控制人口与保护环境并行，后来被升为两个"基本国策"，取得令世人瞩目的成绩。如按70年代初的生育和增长水平推演下来，比目前实际要多出3亿人口，从这个意义上来说，推迟了世界50亿人口的到来，并对以后60亿、70亿人口日的推迟到来作出了贡献。中国人口列入国民经济发展始于1973年，大力强调环境保护也始于1973年。

但有所得必有所失。中国自20世纪70年代以来，出生率稳步下降，经济取得卓著成绩，同时也必然会付出一定代价，人口老龄化就是必须付出的代价之一。

综观我国的人口政策，一直有着"二律背反"的存在。在20世纪50年代和60年代，"人口越多越好"主宰人口论坛，其危害已为后人所认识。计划生育时期，似乎所有坏事或不理想之处，均可在人口过多那里找到答案或部分答案，无形之中又成了"人口越少越好"论。这种形而上的方式，难以给人口观以准确定位。就中国实际而言，放开二胎是货真价实的"机遇与挑战并存"。机遇：劳动力人口上升，被抚养的少年和老年人口数量之和所占比例下降，意味着社会负担较轻，是经济建设不可多得的"黄金时代"；挑战：在一个超级人口大国，人口激增造成的环境、资源压力必须未雨绸缪，妥善处之。

尽管国内专家预测，民众生育二胎更趋理性，放开二胎不一定意味着人口迅速膨胀，但人口增长是肯定的，现有资源加速消耗也是肯定的。经济增长不是浪漫曲，只要有生产就会有消耗。就目前我国的发展方式而言，灾难性的是资源粗放式浪费而非人口。与其担心放开二胎会毁掉中国资源，不如担心粗放的效率低下的资源使用方式。可以想见，人口增长将迫使中国更快地转变经济增长方式，转变资源利用方式。

我国资源利用目前主要存在三大问题：

一是浪费严重，尤其是水资源和土地资源。

农业是我国的用水大户，约占全社会用水的60%以上。灌溉土地一直沿用"大水漫灌"的方式，浪费惊人。目前全国农田灌溉水有效利用系数为0.532，意思是每使用1立方米的水资源，仅有0.532立方米被农作物吸收利用，与发达国家已达0.7～0.8的农田灌溉水有效利用系数还有不小差距。以色列人曾在考察我国用水状况后惋惜地说："你们并不缺水，而是不会用水。"我国城市里"看不见的浪费"同样不容小觑。目前我国城市输水管网的漏失占15%左右，这是个什么概念呢？只要我们使漏失率降低到5%，就可节水52亿立方米，这一数字相当于2000多个昆明湖水量，接近南水北调中线工程年规划调水量的一半！

土地浪费则大多表现在以开发之名的乱占滥开发上。作者在各地采访时遇到太多这样痛心的事情。河北省某县几年前引入了一个建设影视基地的投资项目，圈去了几千亩耕作良田，面对即将收获的小麦，开发商不顾老百姓暂缓半个月的苦苦哀求，将绿油油的庄稼夷为平地。然而，几年过去了，影视基地却成为烂尾工程，被占用的农田变成了一片土泥地至今被闲置。

据国土资源部公布的数据，我国获批使用的土地差不多一半被闲置。造成闲置的有这样几种情况：一是一些地方政府为了发展经济，盲目动用土地上项目。为了招商引资，一些地方不惜以低地价甚至零地价为条件，吸引投资项目落地。一阵热闹之后，投资是否按时落实，项目是否如期开工等，有了上文没下文。一些企业，名义上"落地"好几年，但迟迟不见开工。企业"圈而慢建、圈而不建"造成了土地的浪费。二是近几年工业园区作为地方政府拉动经济增长、实现产业结构调整的重要载体而频繁上马，但一些园区、开发区空有外壳，而无实质。园区、开发区牌子是挂了，但企业入驻却严重不足，"圈了一大片，建设一点点"。三是一些僵尸企业死而不倒。有一些企业，其产品并不符合产业升级方向，有一些是产业政策明文限制的"两高"企业。由于市场需求萎缩、企业开工率不足，这些企业半死不活，但这类企业往往身处某一地一市的黄金地段，也不愿从市场退出。工业用地出让年限为 50 年，一旦企业获得土地使用权，即使地方政府有意让企业退出，也缺乏有力举措。甚至有一些已经破产倒闭的企业，其资产处置也被无限期拉长，致使厂房用地难以尽快重新利用。四是土地"倒爷"的存在，使得土地被"资本化"。由于几乎所有地方的工业用地价格都远远低于正常土地流转的价格，土地在市场上一转手，就能获利巨大。地方政府以较低的价格把土地卖给企业，闲置几年，等土地升值后企业再转手获利。这种从出发点上就不是为了做项目的"炒地"行为，是土地利用率低的又一重要因素。

二是资源利用率和产出率都比较低。

首先，资源利用效率低，消耗高。一个最简单的例子，美国课本的寿命为5年，要供8个学生使用，我国课本的寿命只有半年，仅供1个学生使用。其次，每单位资源所产生的效益差。同等的资源投入，日本的产出率是我国的7.3倍，德国等欧盟国家平均高出我国2～3倍。我们要向这些发达国家去学习如何用更少的资源投入获得更多的产出。这关乎节约理念，也关乎技术。

三是再生资源回收率总体偏低。

从走街串巷的"破烂王"到产业化回收链，应该说，我国近几年的再生资源回收业发展迅猛，全国回收利用企业10万余家、各类回收网点30万个，从业人员1800多万人。据2014年中国再生资源行业会议公布的数据，目前我国主要品种再生资源回收总量达1.65亿吨，回收总值达5763.9亿元，部分城市主要品种再生资源回收率提高到了70%。但由于社会上普遍存在着"利大抢收、利小少收、无利不收"的现象，造成除废钢铁、废纸的回收率较高外，其他可再生资源流失严重。

"垃圾是放错地方的资源"，世界上没有不可利用的垃圾，只有放错地方的资源。我国每年产生的废弃物数量惊人，仅以家电为例，据2015年的相关数据，我国平均每年要报废的家电总量在2000万台以上，其中电冰箱为400万台以上、洗衣机为500万台以上、电视机为500万台以上。再加上废塑料、废玻璃、废有色金属等，数量极其庞大，如果都能回收再利用，能节省多少资源，减少多少污染，创造多少财富?

只要全社会学会利用资源,使不可再生资源得到循环利用,使可再生资源的再生速度赶上我们的消耗速度,那么,我们将迎来"人口、环境、发展"协调并进的"黄金时代"。

链接阅读

保护和使用,这头高了那头就必须要低?
——宜家的"君子爱材 取之有道"

[摘自纪录片《生态文明启示录》解说词]

全球最大的家居用品零售商——宜家集团,以"益于人类,益于地球"的发展理念获得了大众的广泛认可。宜家每年要用掉世界木材供应总量的1%,对日益匮乏的森林资源来说,他们很容易成为问题的一部分。但宜家通过对森林资源的可持续利用使自己从"问题的一部分"变成了"解决问题的重要部分"。

宜家对木材的使用有严格的规定,包括禁止使用非法采伐的木材。他们与世界自然基金会(WWF)、森林管理委员会(FSC)等国际机构合作,确保更多的木材来自可持续经营的森林。目前,宜家是全球使用FSC认证木材最多的零售商之一。

随着我国东北地区森林全面禁伐,宜家扩大了竹产品的开发,以替代部分木材,节约森林资源。在宜家中国的每一个经营环节,我们都能找到关于"节约资源"与"可持续"的具体表达。

初春时节，福建闽北的竹林里，鲜嫩的竹笋冒尖了，山林里最忙碌的季节来了。闽北地区有种植竹林得天独厚的条件，山地海拔高，土肥好，建阳一直都有林海竹乡的称号。

吴贵鹰从小生活在这里，竹子成就了她的幸福家庭，更成就了她引以为豪的事业。她经营的这片近一千公顷的林地完全依照FSC全球森林管理标准来进行经营和管理，为宜家提供着优质竹材。

吴贵鹰经营的竹林　李洲　摄

采访竹林经营者吴贵鹰："这儿分布着很多的杂木，早年都是乱砍滥伐，因为竹林有杂木，虫害就少，现在都知道不去砍它，砍毛竹也是有规范的，要分成两片三片竹林来砍，让那些野生动物有时间搬家，迁徙到我们没砍的那片竹林。"

以往竹林里的杂木都被尽数砍去，如今都得到了保护，因为工人们都知道了杂木的存在更有利于竹林的抗风功能和水土涵养。

护林人翁文珍是个有着二十多年工作经验的老林业

人，负责管理书坊乡的这片竹林。他告诉我们，这片林地在竹木公司承包前，每亩毛竹一年新增15～20株，而按照FSC的标准管理后，每亩能新增40～60株。这里也有野猪，还有短尾猴。每年春天短尾猴会成群来这里破坏春笋取乐，护林员和工人不能伤害它们，只能想法赶走。

采访护林员翁文珍："在巡山的过程中，我们偶尔也会发现一些动物，比如野猪，野猪会在出春笋的时候去拱笋，那我们要进行驱赶，驱赶的话也不是很简单，只有老远用鞭炮吓跑它，人也绝对不敢靠近。生长季节到的时候，竹子一天会长十几公分，甚至有时候一天会拔高一米多起来。每年3～5月份，我们就要向村民做好护笋养竹的宣传工作。"

林地里禁砍阔叶林，红杉树等珍贵树种得到了很好的保护。

竹产品加工生产线　李洲　摄

不再使用农药化肥的竹林,全部依靠土壤本身的肥力,约 30 厘米厚的腐殖质为竹林提供了丰富的养分。

在附近的贵溪村,村民集资建了一座庙,庙里供奉的是三大公、七大公和吴三公。每年 7 月 16 日吴三公生日的时候就在山上举办庙会,上香办酒席。这个时候护林员就会来帮助防火,提供灭火器。林场在这个庙周围画出了两百多亩的高保护价值林地,不进行砍伐。

采访宜家贸易大中华区台雯:"我们有 60% 的产品都是使用的木质材料,这个木质的可持续利用,也是我们非常关注的。所以,木材来自于森林,只有森林可持续地去经营,我们才能够源源不断地为大众创造更加美好的木质产品。"

这是建阳书坊乡的周墩村,跟很多乡村不同的是,这个村大多数的年轻人都留在家没有外出打工。他们承担了采伐、采集、集材、修建林道等几乎所有的营林工作。有的巡山管护,有的做竹制品加工,有着稳定的年收入。

采访世界自然基金会北京代表处金钟浩:"森林的经营是否满足可持续的要求,这里头所说的可持续,是从经济上、环境上和社会上这三个不同的维度来看的,那么,如果一个企业的森林经营满足了 FSC 的标准,就是说它满足了这三个方面,并且是用独立第三方审核来告诉大家:这样的森林产品你是可以放心的。所以,它是很好地把产业的信息,通过供应链一直传递到消费者的一种很好的方式。"

节约的理念在宜家的产品设计中也无处不在。宜家设计师 Glenn Berndtsson 介绍，对大型家具，宜家通常采用实竹，小盘子、小碟子则采用竹粉做成，以节约竹材。

琳琅满目的竹制品是竹文化的物化。在精密机械的帮助下，竹制品的品种越来越多，几乎涉及了家居的方方面面。

宜家的供应商林海将他的竹产品推向了一个奇妙的创新世界。除了为宜家供应家居，林海的竹产品还应用到了大剧院、机场、汽车内饰、风力发电机的风叶。原竹展开技术更为竹产品的创新提供了更大的空间。

采访中国竹产业协会副会长林海："产品的发展一定和文化相关。我们把红木文化想象为盛世文化，那么，竹子也有一个文化的观点，什么观点呢？我们讲应该是绿色文化、可持续的文化。我们整个社会的发展和未来与这种文化息息相关。所以我们认为，这样一个绿色、可持续的产品它一定有未来。"

我们的生命依赖于地球有限的资源，只有节约资源，保护环境，我们才能找到通向生态文明的绿色路径，而不是走向荒漠。

污染转移面面观

在 300 年的工业化进程中,不管是英国的崛起,还是紧跟其后的美国、法国和德国的后来居上,无一不是凭借殖民、战争和资本扩张掠夺资源和产品市场而起家的。半个多世纪以来,又通过早污染、早治理、早转移,步入了生态文明国家的行列,使得发达资本主义国家的民众比同一时期的发展中国家更早地过上了舒适的生活。"早转移"是指污染产业的转移。西方一些发达国家将在自己国内办不下去的污染重、成本高的工业项目,通过投资、贸易等形式转移到发展中国家去办。这种国家之间的污染转移又叫"公害输出"。

20 世纪 50 年代,美国将一些此类项目向日本、联邦德国等国转移;到 60～80 年代,日本、联邦德国又将一些能耗大、污染重的产业转移到"亚洲四小龙"等国家和地区;80 年代至今,我国东部沿海地区承接了日本、美国、欧洲等国的产业转移,包括化工、电镀、冶金、制革、漂染等高污染行业,在获得经济较快增长的同时,也付出了沉重的环境代价。据统计,20 世纪 60 年代以来,日本已将 60% 以上的高污染产业转移到东南亚国家和拉美国家,美国也将 39% 以上的高污染、高消耗产业转移到其他国家。目前,这种全球性生态污染正以每年 3 亿吨的速度增长,其中从发达国家转移出去的占到了 90%。发达国家的烟囱消失了,发展中国家尘烟四起了。

法国《世界报》曾于2007年12月刊载题为《追求低成本扼杀地球》的评论文章，批评发达国家为追求低成本向发展中国家转移生产，同时却指责发展中国家污染环境。文章一针见血地指出：

包括欧盟和美国在内的发达国家在抑制温室效应的斗争中充当表率，另一方面，中国、印度，以及其他国家遭到各种谴责，成为坏榜样。这种把全球问题简单化了的观点忽视了一个关键：印度和中国排放温室气体，是因为他们在为我们生产玩具，为我们种植蔬菜。追求低成本的疯狂动机不仅转移了就业，同时也转移了我们自己的污染。

从2005—2007年，中国对法国出口的食品增加了44%。2008年，法国进口了总值4.11亿欧元的中国食品。法国市场上出售的芦笋，有一半是"中国制造"，因为，在深圳附近生产的芦笋价格仅相当于地中海滨地区生产成本的四分之一。近两年，法国进口的中国制造家具数量增长了54%。

在道德良心的掩盖下，我们拒绝承认，当我们蜂拥购买廉价的每件售价2欧元的体恤衫，每公斤售价1欧元的西红柿，以及购买299欧元旅游机票到圣多米尼克度周假的时候，我们才是温室气体的最大排放者。

有数据显示，1990—2008年，发达国家通过贸易积累向发展中国家转移了160亿吨的二氧化碳排放，而尽享进口的消费品。这一些数字超过了发达国家自身减排的二氧化碳，被国际有识之士称之为"以邻为壑"。

当然，在公害输出中，发展中国家自身也难辞其咎。发展中国家受资源与人口的双重压力，急功近利，只求眼前利益，往往不顾一切降低环境标准，接受外来投资驻厂，暂且搁置环境问题，从而给了发达国家产业转移的可趁之机。例如，日本向菲律宾转移污染严重的烧结厂，就是因为这个烧结厂的污染程度不符合日本本国的环境标准，但是却符合了菲律宾的环境标准，有生产的合法性。同样的现象也更多地发生在中国的土地上，举不胜举。

作为资源供给的一个重要来源，中国每年从美国、西欧各发达国家进口数千万吨的废弃物。其中废旧塑料进口超过1000万吨；全世界每年产生的5000万吨以上的电器和电子废品中有70%以上被运到中国。这虽然在一定程度上缓解了中国对资源的需求，但也带来了环境污染。有关专家对废弃物贸易的研究发现，许多进口废物在中国经过再生处理后的产品往往又运回发达国家，没有起到补充国内资源不足的作用，付出的环境代价只换来微薄的利润。

如果说转移污染产业和可回收垃圾是一个愿打一个愿挨的"全球化分工"和"产业流动"所致，那么转运有毒垃圾就是赤裸裸地"入侵"了。发达国家采取付给高额处理费的形式，将那些难以处理和降解的垃圾输往发展中国家。据报道，根据废物毒性水平的差异，欧美等国对废弃物处理的成本大概是每吨160美元至3000美元，平均每吨废物处理成本约为1000美元；而在发展中国家平均的垃圾堆放费用仅为25美元。从本国利益出发，一些西方国家采取了"我出钱，你处理"的方式。在一些只顾眼前蝇头小利的企业和生产经营者的"帮助"下，我国也成为受害者之一。发达国家输出的污染垃圾在发展中国家由于技术、资金的不足，无法完全处置，只能大量地露天堆放或者掩埋到地下，给发展中国家带来的污染后果是无法估量的。

针对此问题，1989年3月22日，联合国环境规划署在瑞士巴塞尔召开的世界环境保护会议上，通过了《控制危险废料越境转移及其处置的巴塞尔公约》，旨在遏制发达国家向发展中国家出口和转移危险废料。但时至今日，某些发达国家明知转移危险废料有违国际公约，依然默许、纵容国内企业向外转移废物。

我国海关查获"洋垃圾"

前几年英国政府当局的一份报告自称，中国每年将160亿英镑货物运往英国，英国将190万吨垃圾运到中国。当这一令人震惊的真相曝光后，英国国内舆论哗然。英国环境大臣本·布拉德肖宣称，虽然"垃圾舰队"要穿越大半个地球才能到达8000多英里之外的中国，但公众大可不必担心，此举对全球变暖的"影响极小"，而且，中国把货物运来，不捎运垃圾，空船回去是种浪费。英国的做法、大臣的讲话，不仅令中国人愤怒，一些英国人也感到震惊。英国自由民主党环境事务发言人克里斯·胡尼表态说，这是英国的耻辱。

可以说，早污染、早治理、早转移，是发达国家损人利己的发展路子，也是今天为什么发达国家环境一流但全球环境却越来越糟的根源所在，因为，大气没有边界，水没有边界。

西方发达国家转移污染的途径主要有三个，除了上面谈到的产业转移和国际贸易转移，还有跨国界转移。

自然力的作用为污染跨国界转移提供了便利。发达国家将一些高污染产业建在国家的边界地区，对邻国的污染不言而喻。20世纪

80年代，加拿大强烈抱怨由美国电力厂产生的气态污染物经由酸雨落在加拿大境内，造成加拿大的湖泊、森林和农场受损，这引起了人们对跨界污染的注意。与此同时，瑞典、挪威等北欧国家与德国、法国也曾因酸雨问题而长期争吵不休。

没有哪个国家愿意自己的家门口堆着垃圾和炸弹。由于跨界污染引起的国际边界纠纷已成为国际关系中一个新的影响因素。西欧有119座核电站，很多核电站坐落在距边界100公里以内的地区，受影响的国家通常极为不满，国家间为此问题经常争吵。瑞典在距哥本哈根不远的马尔默修建核电站，曾引起丹麦居民的极大恐慌，丹麦议会要求瑞典关闭核电站，但瑞典对此不予理会。葡萄牙与西班牙之间，卢森堡、比利时、荷兰之间，德国与法国之间，等等，也曾发生过类似的核电纠纷。跨界污染事件在国际关系中已屡见不鲜。除了核电，还有因空气污染、疾病传播、水域污染、森林火灾等的跨界蔓延经常造成的国家间的关系紧张。

种种不同途径的污染转移充分显露了发达资本主义国家的个人利己主义的价值观，只要我好就好，别人怎么样我不关心。这就是一些发达国家在生态环境保护上内外有别的双重标准。这也是为什么全球不断付出努力、各国环保法制不断进步却依然无法解决全球生态危机的一大原因。

发达国家的污染转移是其在经济增长与生态成本的考量中实行的低成本高收益的不二选择，通过将高污染、低收益的企业或产业转移到国外，来实现本国的经济增长与生态良好的双收益。而发展中国家在技术水平低下和环保意识淡薄的情况下，接受了这种"赏赐"的"高技术"来解决自己国家的经济增长和就业问题。近几年，随着发展中国家科学技术的发展和环保意识的提高，对此类技术的技术性污染转移开始有所抵制。但整体上，发展中国家在发展经济的巨大压力下，往往被迫地甚至主动地引进污染性技术成果或污染产业。

对于我国来讲，要减少全球化过程中污染转移对中国环境的不利影响，必须走一条"内外兼修"的路。对内，加快生态文明建设，探索一种适应经济增长同时又能削弱对环境不利因素的经济发展模式；对外，加固绿色壁垒，提高环境标准，并且加强与其他国家的合作，参与全球环境治理。

资源战争

在这个地球上，没有什么是免费的。稀缺的东西不是价高，就是被垄断，或者成为引发争端的诱因。人与人之间，国与国之间的争端的最主要原因就来自资源的不均衡。

5000多年来，人类一直与战争相伴相随。综合挪威、法国、美国的学者以及瑞士国家计算中心的统计，从公元前3200年记载人类第一次战争起，世界上发生的战争达14000多次，平均每年都要发生2～3次，也就是说，每100年中，人类最少有90年是生活在有战争的年代。战争为什么总是制止不了，根源何在？一直在研究探讨这一问题的许多相关机构和专家认为，强占地盘、掠夺资源、建立霸权、获取非分利益，是一切侵略战争的总根源。稍远的有17世纪中期英国大规模掠夺殖民地的一系列战争，稍近些的有1900年英、俄、日、法、德、美、意、奥八国联合发动的瓜分中国的战争，再近些的有日本1937年发动的侵华战争，无一不是掠夺别国的领土、资源、市场、人力物力。更近些的还有21世纪前10年爆发的"为石油而战"。在西起波斯湾、北至里海、东达中国南海的这样一个大"战略三角"地区，能源分布集中，相关各国能源战略目标相互重叠而又利益相互冲突，促使各国军事力量集结，使这个地区成为战争的主要策源地，特别是以美国为首的西方国家争夺的重点。两伊战争、伊拉克入侵科威特，以及美国主导的伊拉克战争、反恐战争、利比亚战争等，无不打着"石油"的烙印。

正如《资源战争》作者克莱尔所预言的，21世纪的最初10年，资源匮乏将成为国家之间冲突的最重要根源；未来的战争将会是为确保宝贵并日益减少的自然资源的供应而爆发。

在这个小小的地球上，不少国家正在经历人多地少缺少资源的尴尬。这个地球由七大洲和四大洋组成，截至2013年1月1日，地球上共有226个国家。水、森林、湿地、土地、矿产、能源、海洋、空间等资源问题日益突出。争夺极其有限的生存资源，已经成为各个国家的首要目标——水、耕地、钢铁、煤炭、石油、粮食、技术、劳动力、市场等。石油危机、水资源危机、土地资源危机、粮食资源危机，甚至森林资源危机，都已经让很多国家和无数民众感到了恐慌和不安。

由资源产生的矛盾与争夺等逐渐成为国际常态。随着土地盐碱化、沙漠化使得耕地进一步减少，人们为了生存离开原来的住所去寻找生存的空间，人口大量流动，引发了其他更多的问题。由于可耕地不足以提供超量的人口，人们为了寻找一片新的耕地或牧场，群体间的争斗便成为家常便饭。河流湖泊的干涸消失将引发不同地区、不同国家、不同种族间的冲突甚至是战争。生存资源争夺战、生存环境暴力冲突不断发生,加剧了国际社会的动荡不安。

非洲共有63个共享水域,其中17个西非国家共享着25条跨境河流,除佛得角外,其他国家都至少有一条国际河流。随着水资源日益紧缺,沿岸国家关注的焦点主要是如何公平合理地分配水资源,至于水体生态的维护则无从关心。近年来因水资源调配而引发的纷争加剧,如尼日利亚和尼日尔因尼日尔河、塞内加尔与毛里塔尼亚因塞内加尔河、加纳与布基纳法索因沃尔特河,相互之间的关系非常紧张。尼罗河流域上游国家因不满埃及和苏丹在尼罗河水资源分配中的优势地位,致使上下游国家关系失调。

而由水资源引发的暴力冲突多发于中东。以以色列为例,该国大部分国土是干旱地区,年均降水不足200毫米,而戈兰高地年降水400～1000毫米,高地西南部的太巴列湖(又称加利利海)储水量占到以色列国内用水量的40%,因而戈兰高地又有"以色列水库"之称。1948年以色列建国后,始终把控制水源作为国家战略。在第三次中东战争中,以色列占领了戈兰高地并把整个太巴列湖占为己有,随后又把势力扩张到约旦河畔,投巨资修建水利工程,成功地将耶尔穆克河和约旦河的河水输往本国,而以色列的"拦河输水"计划却使叙利亚和约旦花了近4亿美元建成的"团结坝"几成无用设施。对此,曾任以色列外长的佩雷斯说过,在阿以和谈中,首要的原则不是"以土地换和平",而是"以土地换水源"。叙以谈判的焦点表面是戈兰高地,实际是淡水资源。长期以来,尽管以色列同意归还全部戈兰高地,但是坚持不让叙利亚染指太巴列湖。而叙利亚在谈判中要求恢复1967年战争前的状况,也是想拥有更多的制水权。戈兰高地的几度易手,给叙以两国人民带来了战争创伤。随着这一地区人口不断和气候持续干旱,日益严重的水荒有可能引发新的争端。1993年以来,以色列与约旦等阿拉伯国家开始就水资源的开发利用进行合作,其中包括利用高科技手段淡化海水来扩充水资源。然而,由于阿以之间的矛盾错综复杂,这种合作注定艰难曲折、磕磕绊绊,而这反过来又影响到中东和谈的顺利进行。

由于气候变化,在北冰洋,北极冰雪的面积每一年都在减少,我们知道,北冰洋的海底深处蕴藏着大量的资源,由于开采难度太大一直不可为人类所用,当冰层融解、冰川土地露出时,不停寻求石油、天然气及煤炭资源的国家都会紧盯这片数亿年来未曾开发的区域,届时难免会产生一系列领土争端事件。这并非危言耸听,自2006年开始,加拿大、丹麦、挪威、俄罗斯以及美国已经为争夺北极地区的潜在资源的所有权产生了不少事端。

今天的世界是一个联系紧密的命运共同体,200多个国家同住一个生物圈,共在一片蓝天下,没有谁可以关起门来独立存在。如果一些国家获取了超额的资源,其他国家的份额必定减少;许多河流经多个国家,如果处于上游的国家将水取尽,下游的国家就没有水用。这种情况面临的一个相同选择就是要么在国际层面上合作解决问题,要么引发经济战争或军事战争。

虽然联合国为维护世界和平做了极大的努力,但世界形势并不乐观。爱因斯坦曾经说过:"我不知道第三次世界大战人们用什么武器,但我知道第四次会用石头和棍棒。"这寓意着现代的世界大战将会摧毁人类文明,将是人类文明的自我毁灭。

和则兴,乱则废。人类若不想自我毁灭,就必须以和平发展取代战争。和平发展是全人类的意志与愿望。面对生态危机、能源资源短缺、粮食和水资源安全问题、自然灾害、人口压力等一系列重大问题，世界各国只有联起手来，集中智慧，同舟共济，才有可能得到破解。正如环保部部长陈吉宁所言："在人类现代的历史上，今天发达国家大约 10 亿人口完成第一次现代化浪潮的历史过程中，对地球环境产生了巨大的干扰，不同的环境问题也是在一个较长的时间尺度里分阶段解决的。在近 30 年间，另外拥有 10 多亿人口的中国高速发展，正在完成人类现代化史上的第二次浪潮，对环境也产生了冲击，但在相同发展阶段和发展水平上总体要比发达国家当年做得好。未来在世界其他地区的几亿人口中会出现后来的现代化浪潮。前两次浪潮中所积累的环境治理经验和教训，应当和其他发展中国家分享，最大限度地减少它们后起的发展对环境的冲击，这个是中国对世界应当承担的责任"。

共担责任，才能共享繁荣。

和平发展一直是中国实现现代化和富民强国的战略选择，无论是过去还是将来，中国都坚持与所有国家通过交流合作，互惠互利，共同发展，共同繁荣，构建和谐世界。今天中国作出的走生态文明之路的选择，将是对世界持久和平作出的又一重大贡献。

气候变化终非谎言

许多事情我们看不到并不意味着没有发生。相对于空气、水、土壤的污染，气候变化不是直接作用于视觉的，人类确认它经过了一段较长的时间。

全球气候变暖是由大气的温室效应引起的。保护生物圈的大气层具有留住阳光热量、保持地面温度的作用。大气中有一类气体叫温室气体，能吸收阳光的热量，使地球大气中的热量无法消散。如果没有这些温室气体，地球表面的温度就会低得多。大气的这种保温效应就像我们常见的栽培植物、培育鲜花的温室，因此把它叫做温室效应。我们经常听到的"碳排放"是关于温室气体排放的一个总称或简称。温室气体中最主要的气体是二氧化碳，为了最快了解，我们也可以简单地将"碳排放"理解为"二氧化碳排放"。温室气体来自于我们燃烧的煤和石油等化石燃料，这些化石的大量燃烧，能够获得动力，但同时也会向大气中排放大量的二氧化碳，给地球大气层带来污染。工厂及机动车排放出来的废气进入了大气层，它们就好像一层厚厚的毯子，困住更多的太阳热量，使这些热量蓄积在地球表面。随着时间的推移，这些热量越来越多，最终导致全球平均气温升高。

温室气体其实是个让人类又爱又恨的东西，没有温室气体地球就会像没有大气层的月球一样，被太阳照射时温度急剧升高，不受照射时温度又急剧下降。温室气体太多了也不成，会让地球"发烧"，不适应生物生存。温室气体中最主要的二氧化碳在大气中存留的时间高达200年，也就是说，即使我们今天完全停止向大气排放二氧化碳，此前排放的二氧化碳所产生的温室效应还将持续约200年。

由于大气变化的复杂性和不确定性，十几年前甚至几年前，对气候变化、全球变暖的怀疑之声不断出现。全球气候是不是真的变暖了？如果真的变暖是不是人类造成的？在猜测、论证期间，"阴谋论"一度盛行，发展中国家包括我国也曾怀疑这是发达国家阻碍遏制我们加快崛起的借口，全球减排是发达国家设计的"陷阱"和"阴谋"。而发达国家一些排放温室气体的企业则成了故意混淆视听的搅局者，因为抑制温室气体的排放就等于抑制这些企业的发展，不管真相如何，他们都要极力让人们相信全球变暖是个谎言，是个错觉。

美国的阿尔·戈尔在《难以忽视的真相》一书中所讲的库尼的一段工作经历就是其中的一个例子：

拥有雄厚实力的企业从加剧全球变暖的生产活动中捞钱。它们希望篡改科学研究报告，掩盖我们面临气候危机的事实。它们指派"全球变暖怀疑论者"去到政府环境部门的重要职位，这样就可以阻止举行反对全球变暖的活动。这就好比让狐狸去管鸡舍。2001年，一个叫菲利普·库尼的律师被指派负责白宫的环境政策。他是凭什么背景获取这份工作的呢？在此之前的6年里，这位库尼负责帮助石油企业开展一些活动，而这些活动的主要任务是在全球变暖这一问题上把美国人民搞糊涂。在一份曝光的库尼2005年审查的由美国环保署发布的备忘录中，他删除了所有全球变暖对美国人民产生影响的信息。在经审查后由白宫正式发表之前，这份备忘录的原稿已经泄露给了《纽约时报》，当中揭露了库尼的所作所为。随后，库尼辞职了，且在辞职的第二天，他跑去为埃克森美孚石油公司工作。看看库尼的工作简历就可明白政客与利益集团是如何合作的：1995—2001年1月20日，库尼担任美国石油学会说客，主要负责全球变暖错误信息的宣传活动；2001年1月20日，被任命为白宫环境部门负责人；2005年7月14日，离开白宫，受聘于埃克森美孚石油公司。

当然，事实就是事实，真相终究是无法掩盖的。经过严密的科学论证，今天，气候变化已成为各国无可争议的共识，科学界普遍确认我们正在经历一场人为的气候变化。工业化200多年来，大气中二氧化碳和甲烷等温室气体浓度升高了33%，从而诱发了"地球高烧"。

我们可以把地球气候理解为一台把赤道的热量重新分配到两极的发动机，从赤道到两极热量的重新分配推动了风和环流。不同的寒暖流都被连接在一个称为"全球海洋传输带"的环圈中。而全球变暖会潜在地破坏这个传输带，给全世界的气候带来灾难性的后果。如果传输带停止传输，一些地区将会变得异常地热，而另一些地区将会变得异常地冷。

通俗地说，气候变暖就好比我们人体发烧了，表面看是简单的温度变化，实则会破坏我们的身体机能和一些器官。气候变暖也一样，它不是一个物理变化，而是"化学反应"，这个"化学反应"的危害很大，除了众所周知的海平面上升将导致一部分低洼地区被淹没外，气候变暖还可以改变一些生物的习性，包括农作物，同时毁掉大量无法适应的动物和植物，而一个物种的消失往往意味着至少一条生物链的崩溃，消失的物种越多，人类的生存就越没有保障。我们必须明白,巨大的物种灭绝在地球历史上是曾经发生过的。大约2.5亿年前的二叠纪时代,地球遭遇了一次浩劫,大约95%的海洋物种以及79%的陆地物种在同一时间灭绝了。没有人知道到底是什么在突然之间带走了这些物种的生命,有研究认为这场浩劫与甲烷泄漏有关。大量甲烷在短时间内涌入大气层,造成地球温度急剧上升,对生态环境形成了高压。2010年,科学家们声称北极海底的永久冻土有不稳定的迹象,极有可能继续释放出更多的甲烷。这个预警提醒我们,地球环境的骤变和大量物种的灭绝并非遥不可及。气候变化危及的是地球生物的生存和全人类的安全。这是本世纪人类面临的最大挑战之一。

2015年是有现代气象记录数据135年来地球平均气温最高的一年,也是我国自1951年有完整气象记录以来平均气温最高的一年。全球和中国的气候都呈现更多异常情况。美国东部部分地区冬季罕见高温,还有1～2月美国东北部地区遭受大规模风暴袭击,2月下旬阿富汗多地遭受罕见暴雪,夺去200余人生命。4月中旬至5月,恐怖高温笼罩南亚,3000余人丧生。7月西北太平洋台风异常活跃,多次形成"双台三台共舞"。夏季,欧洲多地屡遭高温热浪袭击,多国高温创纪录。全年干旱重创非洲,多国面临粮食危机。中国也经历了一系列的气候异常,南方暴雨过程多,多个城市涝重。盛夏新疆持续高温,华北、西北东部及辽宁夏秋连旱严重。登陆台风偏少,但强度强。11～12月中东部雾霾持续时间长,范围广,污染程度重。而且,从1980年至2014年,我国沿海海平面上升速度为每年3.0毫米,远高于全球平均水平1.7毫米。

一切迹象表明,由于全球气候变暖,部分地球生态系统正在失去原有的平衡,气候规律发生改变。

大气没有边界。面对气候变化任何国家都没有免疫力，谁也无法做到独善其身，只有坐下来一起商议对策，共同应对。解决办法很简单：控制碳排放。复杂的地方在于我减多少你减多少的排放量的分配。碳排放是和能源问题、发展问题直接联系在一起，还能排放多少就意味着还能使用多少能源。因此，各国商议的过程也是利益博弈的过程。在这个过程中，发达国家总是极力推卸应担负的责任。

美国是碳排放大国，占据全球碳排放总量的24%，并以每年1.5%的速率增长。其50%的电由燃烧碳化物产生，远远高于其他国家，并成为世界上最大的污染源。但美国一直尽力避免做出具有约束力的减排承诺。《蒙特利尔议定书》是联合国为了避免工业产品中的氟氯碳化物对地球臭氧层继续造成恶化及损害，承续1985年保护臭氧层维也纳公约的大原则，于1987年9月16日邀请所属26个会员国在加拿大蒙特利尔所签署的环境保护公约。在克林顿执政时期，因为克林顿本人担心参议院反对《蒙特利尔议定书》，从未将之提交参议院批准。小布什上台后，认为该议定书会对美国经济造成无法承受的影响，同样没有提交参议院。

1997年12月，《联合国气候变化框架公约》缔约方大会在日本京都举行，会议通过了《京都议定书》，对2012年前主要发达国家减排温室气体的种类、减排时间表和额度等作出了具体规定。根据这份议定书，2008—2012年，主要发达工业国家的温室气体排放量要在1990年的基础上平均减少5.2%，其中欧盟削减8%，美国削减7%，日本削减6%。但是，美国作为世界上二氧化碳总量的最大排放国，却拒签《京都议定书》，理由是影响美国经济增长，并与发展中国家的责任不对等。美国的行为也影响了其他国家。2011年12月在南非班德举行的《联合国气候变化框架公约》第17次缔约会议暨《京都议定书》第 7 次缔约方会议，美国、日本等拒不考虑第二承诺期的减排指标；加拿大随后也宣布退出《京都议定书》；欧盟虽然相对积极，表示愿意参与第二承诺期，但不断要求大会敲定一个"路线图"，试图利用减排指标以及其成熟的碳排放交易系统谋取额外利益。

"很显然，任何国际政策都必须认真考虑美国的立场；反过来，制定的任何政策如果没有得到美国的支持，也都是在做无用功。"（法国罗格·博奈：《继续生存 10 万年人类能否做到》）

当前，发达国家已过上了富裕生活，但仍维持着远高于发展中国家的人均碳排放，并且大多属于消费型排放；相比之下，发展中国家的排放主要是生存排放和国际产业转移的排放。应对气候变化如果以延续发展中国家的贫穷和落后为代价，显然有违可持续发展的要旨。正因如此，"共同但有区别的责任"才成为联合国气候谈判中的一个原则，意思是应对气候变化是全球共同的责任，但各国由于国情不同，在具体担负的责任上应有区别。但近年来，"共同但有区别的责任"使全球气候谈判一直进展艰难，出现了淡化有区别的责任、突出共同责任的倾向。

例如，在 2009 年 12 月召开的联合国气候变化峰会所拿出的 7 个减排方案，为发达国家设计了比发展中国家大 2.3～6.7 倍的人均累计排放权，而且都没有考虑发达国家与发展中国家历史排放差别巨大的事实。从 1900—2005 年的 105 年，发达国家的人均排放是发展中国家的 7.54 倍。

以美国为首的发达国家的减排原则就是不能追究历史，只看现行排放；不能计算人均，要看排放总量，不管是几千万人口的小国还是十几亿人的大国，总量要一样；不能考虑你生产、我消费这类产品的碳排放。正如我国网友所评论的:"我顿然觉得中国真伟大,就在这种屈辱的条件下还能做出减少单位 GDP 排放量的承诺,无愧负责任的大国风范。"

虽然时时因利益各方的博弈而导致国际协定裹足不前,但总的来说,事情是向好的方向发展的。2015 年 11 月 30 日召开的巴黎气候变化大会通过的《巴黎协定》,铸就了全球气候治理新秩序。《巴黎协定》作为历史上第一份覆盖近 200 个国家和地区的全球减排协定,首次确立了包括全球温升、适应和资金在内的三项长期目标,其中全球温升控制目标设定为 2℃,并努力限制在 1.5℃。联合国秘书长潘基文认为:"应对全人类面临的最为复杂的气候变化问题,我们已经进入了一个全球合作新时代。全球所有国家为了共同的目标采取共同应对措施,这是有史以来的第一次,这曾经无法想象,现在势不可挡。"作为历史上第一份覆盖近 200 个国家和地区广泛参与的全球减排协定,《巴黎协定》的达成标志着全球应对气候变化迈出了历史性的坚定一步。

尽管我国从人均上看碳排放处在世界平均水平,但我们的总量目前已经超越美国成为最大的二氧化碳排放国。我国在承受着来自发达国家施加的压力的同时,也在积极担负起自己应有的减排重任。中国国家主席习近平在巴黎大会上就通过"10"、"100"、"1000"三个数字诠释了中国致力于气候变化南南合作的郑重承诺,即中国将于 2016 年启动在发展中国家开展 10 个低碳示范区、100 个减缓和适应气候变化项目及 1000 个应对气候变化培训名额的合作项目。充分体现了中国作为负责任大国应对全球气候变化问题的诚意,也展示了中国作为发展中大国在构建国际气候治理新秩序中的自信。

气候变化是全人类面临的挑战,不是也不应该是个零和游戏。

建立公平的国际责任体系、共同应对气候危机应该成为所有发达国家和发展中国家的一致目标。当然，归根结底，人类要拯救自己，最核心的东西还是取决于文化、文明。毫无疑问，这种文明必然是生态文明，这是人类拯救自己的最佳选择。地球经过几次物种灭绝依然存在，地球是不需要我们拯救的，我们拯救的是自己。

在由智人成功进化成为人类的那一刻起，我们就用自己的智慧不停地扩张自己的生活领地，直至站到地球生物链的最顶端，使地球成为名副其实的"人类星球"。我们相信更智慧的我们有能力破解生态危机，还自己一个干净的地球。

第四篇 路径的选择

主题：面对生态危机，怎么来选择我们的生态文明路径
启示：绿色发展、循环发展、低碳发展是建设生态文明的必由之路

全球性生态危机的爆发，使人们终于意识到，传统工业文明发展的每一步都伴随着对自然环境的破坏和难以弥补的恶果。人们不得不选择新的发展方向，转向生态文明。转变发展方式，全球都在行动。我国主要是以节约资源、保护环境的方式来面对生态危机，以此为目的，以绿色发展、循环发展、低碳发展为实现路径的生态文明建设正在全国推进，带来了一场涉及经济发展模式、生产方式、生活方式和价值观念的革命性变革。

全球性生态危机的爆发，使人们终于意识到，传统工业文明发展的每一步都伴随着对自然环境的破坏和难以弥补的恶果。人们不得不选择新的发展方向，转向生态文明。

西方国家较早开始探索生态文明的道路。被生态环境危机所困扰的西方国家从20世纪60年代开始，经过20年的努力，到80年代基本控制住了污染，较好地解决了国内环境问题。20世纪90年代以来，西方国家普遍开始追求一种更为合理、可持续的发展道路，它们对生态环境保护的强调、采取的措施及取得的成就都令世界瞩目：法国和德国严禁采原煤，德国和日本发展循环经济，荷兰、丹麦等北欧国家自行车作为交通工具的普及率达到了约30%，英国建设核电站的谨慎态度，美国大森林的恢复以及对大面积国家公园行之有效的保护等。社会稳定、人民生活富裕，生态环境良好，这说明西方国家正在再造自我。

转变发展方式，全球在行动。

美、英、日等发达国家以科技创新和财力优势带动产业优化升级，完成了经济转型。

一些新型工业化国家跳出了先污染后治理的老路，成功地走出了以发展绿色产业为主的新型工业化的新路子，如挪威、丹麦等国家。

还有一些转型迟缓的国家则跌入了"中等收入陷阱"，经济陷入停滞甚至后退的境地，如南美、东南亚一些国家。

以中国、俄罗斯、印度、巴西、南非为代表的新兴市场国家也在加紧转变发展方式。

我国资源短缺、环境恶化、生态脆弱的严重状况，倒逼我们必须加快进入生态文明时代，甚至直接进入生态文明。建设生态文明旨在将自然界生态良性循环的规律引入到整个经济运行的大系统和社会运行的大系统中。引入路径就是在全社会各个领域推进三个发展：绿色发展、循环发展、低碳发展。只有通过这三个发展，才能做到资源节约和环境保护，只有通过这三个发展，我国才能真正改变野蛮、粗放的经济增长方式，实现永续发展，建成美丽中国。

生态文明路径：
绿色发展、循环发展、低碳发展

绿色发展、循环发展、低碳发展都是20世纪后半期产生的新的经济思想，是人类面对生态危机的自我反省和改进。

绿色发展有广义和狭义之分，广义的绿色发展指的就是发展的绿色化，就是要使发展符合尊重自然、顺应自然、保护自然的生态文明理念的要求，符合全面协调可持续发展的要求，从这个意义上来讲，循环发展、低碳发展也属于绿色发展。所以我们在很多场合下，包括党和国家的文件中可以看到，有的时候只提绿色发展这一个概念，实际上它并不是因为有了绿色发展就排斥了循环发展和低碳发展，而是在这个概念下面把循环发展和低碳发展都包含其中，当人们把绿色发展和循环发展、低碳发展联系在一起来讲的时候，那么这里的绿色发展指的就是它狭义上的意义。

从狭义上来讲，绿色发展、循环发展、低碳发展，角度不同，侧重点不同。绿色发展主要针对的是环境污染，是从环境保护的角度来强调经济的发展不能以牺牲环境为代价，而是要大力发展绿色经济，建设环境友好型社会。循环发展主要针对资源，是从资源节约的角度，强调不能以资源的耗竭为代价来谋求经济的发展，而是要大力发展循环经济，努力建设资源节约型社会。循环发展针对碳排放问题，是从应对气候变化的角度，强调不能以全球气候变化为代价来谋求发展，而是要大力发展低碳经济。

一、绿色发展的基本理念是没有污染

绿色，意味着生态、环保、无污染。绿色发展，要求我们在发展中考虑环境的容量和承载力，倡导清洁生产，减少污染。对一个企业来说，绿色发展实质上就是清洁生产，是指将综合预防的环境保护策略持续应用于生产过程和产品中，以期减少对人类和环境的风险。清洁生产的定义包含了两个全过程控制：生产全过程和产品整个生命周期全过程。对生产过程而言，清洁生产包括节约原材料和能源，淘汰有毒有害的原材料，并在全部排放物和废物离开生产过程以前，尽最大可能减少它们的排放量和毒性。对产品而言，清洁生产旨在减少产品整个生命周期过程中从原料的提取到产品的最终处置对人类和环境的影响。清洁生产思考方法与之前不同之处在于：过去考虑对环境的影响时，把注意力集中在污染物产生之后如何处理，以减小对环境的危害，而清洁生产则要求把污染物消除在它产生之前。

对宏观层面的产业结构调整来说，绿色发展要淘汰高能耗、高污染、低产出的落后产能，要对传统工业进行"绿色化"改造，同时要以新能源、新材料、可再生能源、环保产业等为切入点，大力培育绿色产业。

通过绿色发展来调整我国现在的产业结构是个影响经济增长方式的大课题，意义重大。我国的产业结构是以重化工业为主导，资源消耗和污染排放强度大，西方发达国家一般在人均 GNP（GNP 是指本国国民生产的最终产品市场价值的总和）2000～3000 美元时才出现的比较严重的环境污染问题，我国则在人均 GNP 几百美元的情况下就出现了。所以我国的污染实质上是一种结构性污染，要改变这种结构污染，必须通过绿色发展实现产业升级。

二、循环发展的基本理念是没有废物

循环发展，要求我们改变对资源的线性利用，将"资源—产品—废弃物"的这条直线变为"资源—产品—再生资源"的环线。我们传统的经济活动是开采资源，生产产品，使用完产品后废弃，这是一个直线型的模式，而循环发展模式是开采资源，生产产品，在生产过程中尽量节约资源和实现资源的重复利用，在产品使用以后将废品变成再生资源，形成一个循环的过程，最终达到"最佳生产，最适消费，最少废物"。

循环发展有三个原则：减量化（Reduce）、再利用（Reuse）和再循环（Recycle），由于这三个词的英文首字母都是 R，因此被简称 3R 原则。所谓减量化原则，要求减少生产和消费过程中物质和能源流量，特别是控制使用有害、有毒物质，从而将重点放在"预防废物"产生而不是"产生后治理"上，这属于输入端方法；再利用原则要求产品和包装容器被多次使用和反复使用，延长产品的服务时间，属于过程性方法；再循环原则也叫资源化原则，是通过把废物再次变成资源以减少最终处理且最大限度地利用资源，它属于输出端方法。再循环有两种方式：一种是原级资源化，也就是利用消费者遗弃的废弃物生产出与原来相同的产品，例如废纸生产出再生纸、废玻璃生产玻璃、废钢铁生产钢铁等；另一种是次级资源化，即把废弃物变成与原来不同类型的新产品，比如用废金属、废木材、废玻璃作为添加物生产其他产品。

循环发展有三个层面：

第一，企业层面的小循环。在一个企业生产中实现物料和能源的循环，达到污染排放的最小化。比如企业将工艺中流失的物料回收后仍作为原料返回原来的工序中；将生产过程中产生的废物经适当处理后作为原料或原料替代物返回原来的工序中；将某一工序中生成的废料经适当处理后用于另一工序。

第二，区域层面的中循环。一个企业内部循环毕竟有局限性，因而鼓励企业间形成物质循环，组成"共生企业"。也就是说，在企业与企业间形成废物的输出输入关系，这家企业的废弃物是别家企业的原料，从而达到"零排放"。20世纪80年代末90年代初，随着循环经济理念的推行，一种循环经济的"新工厂"——科技工业园区诞生了。从1993年起，生态工业园区建设在各国推广。其中丹麦小镇卡伦堡近郊的科技工业园区以生态型生产而著称，是目前世界上最典型、最成功的生态园区。我国的循环经济起步于1999年，首先启动的广西贵港国家生态工业示范园区是我国最典型的一个案例。该园区以制糖业为主导产业，通过副产物、废弃物和能量的相互交换和衔接，形成了"甘蔗—制糖—酒精—造纸—热电—水泥—复合肥"这样一个多行业的链网结构。

区域层面的中循环除了工业园区外，还有生态农业园和生态园区包括生活小区等。

第三，社会层面的大循环。整个社会各个行业都在参与物质的闭合循环，在全社会形成"自然资源—产品—再生资源"的环路。目前，发达国家的循环经济已经从20世纪80年代的微观企业试点和20世纪90年代的区域经济新型工厂，进入到了第三阶段——宏观经济立法阶段，通过国家立法，来确保资源的再利用和再循环。

20世纪90年代起，以德国为代表，发达国家将生活垃圾的处理纳入社会循环，其典型模式是德国的双轨制回收系统（DSD），它针对消费后排放的废物，通过一个非政府组织接受企业的委托，对其包装废物进行回收和分类，分别送到相应的能够再利用的企业，或者直接返回到原制造厂进行循环利用。DSD在德国十分成功地实现了包装废物在整个社会层次上的回收利用，废弃物回收利用已发展成为德国的一个重要行业。

日本也是发展循环经济比较成功的国家之一，它特别注重资源的再利用，它的促进循环经济发展的法律法规也比较健全，目前关于循环经济的法律就达八部。从2000年5月实行的《循环型社会推进基本法》是世界上第一部循环经济法，规定了生产者从产品制造到产品作为废弃物处理都要负有一定的责任。2002年4月，日本政府又提出了《汽车循环法案》规定汽车制造商有义务回收废旧汽车，然后进行资源再利用。这一法案被认为是日本建立"循环型社会"的核心。

我国发展循环经济的直接目的是要改变传统高消耗、高污染、低效益的经济增长模式，解决资源和环境问题，远远超出了德国、日本等发达国家循环经济所具有的内涵和意义。循环经济概念于20世纪末引入我国，随着《循环经济促进法》于2009年1月1日起施行，标志着我国循环经济进入法制化推动轨道。2013年国务院《循环经济发展战略及近期行动计划》的发布，标志着我国进入了一个全面推动阶段。通过在重点行业、重点领域、产业园区和省市开展国家循环经济试点，循环发展取得明显成效。我国已经建成了一些很好的生态工业园区，园区内不同工业企业之间不仅建立了产业共生关系，而且共享基础设施。我国的钢铁工业通过"三个循环"实现了华丽转身：一个循环就是可燃气体的循环，炼铁炉、炼钢炉产生的气体都用来发电；一个是水的循环，所有的冷却水经过适当的处理以后都被循环利用，生产每吨钢所用的新水的量越来越少，2000年为 $25m^3/t$，2010年减少到 $4m^3/t$；一个是固体废弃物的循环，将钢渣作为建筑工业的原料。"三个循环"实现了经济效益和环境效益的双提升。

三、低碳发展的基本理念是减少温室气体的排放

低碳，英文是 Low carbon，意思是较低或更低的温室气体（以二氧化碳为主）的排放。低碳发展就是以低碳排放为特征的发展，这是世界各国应对气候变化的共同选择。

气候变化的元凶是人类燃烧石油、煤炭、天然气等化石能源所带来的大量温室气体的排放，因此，减少使用化石燃料是第一要务。发展低碳经济就意味着化石燃料时代的逐渐终结和新能源时代的到来。

低碳经济最早见诸于政府文件是在英国。2003年，英国发表能源白皮书《我们能源的未来：创建低碳经济》。作为第一次工业革命的先驱和资源并不丰富的岛国，低碳经济率先被英国政府肯定。

这一事件本身有着颇为深刻的启示意义——工业文明的创造者正在再造自我,寻找一种新的发展模式。十几年来的全球气候变化大会尤其是2012年哥本哈根大会以来,低碳已然是全球最大的共同话题。

我国是世界上少数几个以煤为主要燃料的国家之一,"富煤、少气、缺油"的资源条件,决定了我国以煤为主的能源结构,低碳能源资源的选择有限。所以,控制二氧化碳的排放的确不是件易事。2009年,我国首次超过美国成为二氧化碳最大排放国。为此,我国在全球应对气候变化的谈判中已成为关注的焦点,面临越来越大的挑战。从2009年起,我国已把应对气候变化、降低二氧化碳排放强度纳入国民经济和社会发展规划中,对太阳能、风能、地热能、生物质能等新能源和可再生能源的开发利用给予了大力扶持。

低碳发展倡导以清洁能源替代化石能源;倡导绿色消费,尽可能减少生活中所耗用的能源。低碳发展将推动能源革命和消费革命,极大地改变我们的生产、生活和消费习惯。

绿色发展、循环发展、低碳发展相互关联、相互促进、相互协同,共同构成我国生态文明建设的基本途径。抓住这三个发展,就等于扼住了节约资源、减少污染、实现可持续发展的大关节。

链接阅读

生态文明视野下的绿色转型

［摘选自《生态文明启示录》纪录片解说词］

以绿色发展、循环发展、低碳发展为实现路径的生态文明建设正在全国推进，带来了一场涉及经济发展模式、生产方式、生活方式和价值观念的革命性变革。

田园水果，丘陵茶叶，山坡毛竹，山上杜鹃……这个美得就像一幅五彩工笔画卷的地方，就是中国竹乡安吉。"安且吉兮"，出自《诗经·唐风》。安吉曾因电影《卧虎藏龙》在此取景而扬名全国，又因习近平总书记在此提出"绿水青山就是金山银山"的科学论断而在我国的生态文明建设中占据一席之地。

曾几何时，安吉和全国很多地方一样，也是满山荒芜、臭水长流，当地人深受环境污染之苦。2005年，安吉县的余村痛定思痛，毅然关停了每年能给村集体带来300万元效益的三个石灰矿，着力发展生态旅游业。时任浙江省委书记的习近平来余村考察时，对村里痛下决心关停矿山和水泥厂、探寻绿色发展新模式给予了高度评价，"绿水青山就是金山银山！"这是习近平在听取汇报过程中唯一的一次插话。听完汇报后，习近平在接下来的讲话中，又比较完整系统地阐释了"绿水青山就是金山银山"，他说，"我们过去讲既要绿水青山，也要金山银山，其实绿水青山就是金山银山，本身，它有含金量……要坚定不移地走这条路，有所得有所失，熊掌和鱼不可兼得的时候，要知道放弃，要知道选择。"

此后,习近平多次强调"绿水青山就是金山银山",并就"绿水青山"与"金山银山"的关系进行了系统阐释。十年后的今天,"绿水青山就是金山银山"作为核心理念,写进了《中共中央国务院关于加快推进生态文明建设的意见》,成为生态文明建设的重要指导思想。同时,作为"绿水青山就是金山银山"科学论断发祥地的安吉县,其"美丽模式"也走向了全国。

安吉的竹子种植遍及房前屋后
李洲 摄

茶叶种植农场 李洲 摄

十年来，安吉县建成了以竹、茶加工为主的生态工业产业链，和以白茶、蚕桑、休闲农业、毛竹为主的生态农业，生态旅游更是红红火火。今天的安吉可谓改天换地，彻底变了模样，呈现出一村一品、一村一韵、一村一景的诗意画卷。

十年来，安吉戴上首个"国家生态县"桂冠，为全国生态文明建设做出了一个县域典型；在全国首创"美丽乡村"建设，为"美丽中国"贡献了最早的实践样本；成为浙江率先发展"农家乐"的地区之一，为全省、全国制定"农家乐"标准体系提供了样板，开启了乡村旅游先河。

十年来，浙江省把安吉模式一步一个脚印地铺向了全省，一张蓝图绘到底，一任接着一任干，"美丽经济"在浙江从"盆景"变成了"壮观的森林"。2014年，浙江全年生产总值突破4万亿元，全省农村居民人均纯收入连续29年位居全国各省区第一。

采访生态学者黎祖交："既要绿水青山又要金山银山，这个理论是体现了这'两座山'，也就是生态环境保护和经济社会发展它们的统一性。体现了我们建设生态文明建设美丽中国两个最基本的目标。第二个命题就是宁要绿水青山不要金山银山，这个命题体现的是在特定条件下，这两座山也就是金山银山和绿水青山，或者说生态环境保护和经济发展它们两者之间在特定条件下，它的对立性和差异性。那么这个我觉得是提出这个命题，主要是告诉我们，当我们一旦面临着经济发展和生态环境保护鱼和熊掌不可兼得的情况下，那么一定要毅然决然地把生态环境保护放在优先的地位。第三个命题就是绿水青山就是金山银山，我觉得这个命题是整个两山理论的精髓。"

长久以来，无论在乡村还是城市，"发展经济必然要付出环境代价"似乎成了我们面临的无解的困局。今天，我们试图用自己的努力来证明：坚持绿色发展就能走出这一困局。

资源枯竭型城市在绿色发展中寻求新生。昆明东川曾被誉为"天南铜都"，1958年设地级东川市，现总人口逾31万。20世纪90年代以来，因资源逐渐枯竭，东川陷入困境。1999年，东川降格为昆明的一个区。由于长期的铜矿开采、伐薪炼铜，东川整个地区的生态遭到严重损坏，青山破碎，洞老山空，滑坡、土壤沙石化和泥石流等多种地质灾害严重制约着东川的可持续发展。2013年起，东川利用国家资源枯竭城市转型试点扶持政策，加快了产业转型和大规模的生态修复。通过几年的艰苦努力，新兴产业培育起来了，破碎的山河得到了休养生息，东川有了造血和自救能力。漫步今日东川，这片红土地又处处焕发了生机。

政府在转型，企业家也在转型。绿色发展的巨大收益和潜力吸引着企业家投身其中。河北省灵寿县政府与企业携手，花了5年时间，将灵寿县漫山村从一个生态恶劣、经济落后的小山沟打造成了今天这个集生态农业与旅游为一体的世外桃源。过去无以为生的村民如今在家门口全部就业。

改善生态就是最大的民生。绿色发展的红利惠及的是最广大的民众。

这是一条河改变一座城市命运的故事。

横亘在祖国中部的秦岭山脉,是南北气候的分界线,又是黄河与长江的分水岭。秦岭西起甘肃,东至淮阳,是一块皱褶断块山地,秦岭北坡短而陡,水流急湍,多山涧深谷,有"秦岭七十二峪"之称。十二朝古都西安城就被渭河、泾河、沣河、涝河、潏河、滈河、浐河、灞河环抱,造就了"八水绕长安,九湖映古城"的盛景。其中发源于蓝田县的浐河全厂70千米,是灞浐水系的最大支流,灞河是名闻天下的文化之水。"送君灞陵亭,灞水流浩浩",历史上的浐灞不仅是文人墨客笔下的风雅之地,更是风光旖旎、人文荟萃的三辅圣地。

到了近代,由于长期无序发展和人为破坏,浐河、灞河两岸成为城市发展的盲区,污水横流、垃圾成山、沙坑遍地,浐灞成了西安市发展最落后、污染最严重的"生态重灾区"。每年有7000万吨的污水排到这里,500万立方米的垃圾堆积在十余处河段,河床因挖沙下切6米之深。当地以种植果树和务农为生的人们,因环境恶化无法立足,不得不从这里搬离。

1991年,有人就在报纸上呼吁:救救浐河!

救救浐河!就像是在说,救救孩子!

2004年,西安对整个城市的发展作了新的规划,浐灞的治理成为这座城市的重头戏。

十年间,西安先后实施了一系列重大生态治理修复工程,彻底改变了西部城市缺水的现状,浐灞已变身为一座绿色新城。

这里曾经是 8 万平方米的垃圾倾倒场。现在把河道清淤辟出 800 多亩湖面，用经过环保处理的建筑垃圾堆出 150 多亩的湖心岛，再用清出的淤泥作覆土，在人工岛上遍植桃树，进行全面绿化，把一个垃圾场变成了桃花潭景区。

浐河上游田家湾和马腾空垃圾场的垃圾经过分类处理后，就地堆山挖湖，建成了五湖相连的人工湖泊湿地雁鸣湖，再通过雁鸣湖湿地的生物降解和自然沉淀，使浐河上游水质得到有效改善，在河道滩涂地重建植物群落，把一个垃圾如山、污水横流的区域变成了如今候鸟南北迁徙的中转站和栖息地。

取缔非法采沙场，对滩涂地、废弃沙坑进行整形，取坑为湖，取陆作洲，引来灞河活水，形成湖中有岛、岛洲相连、洲内有潭、积潭成渊的生态景观，原来的破败河床，变成了都市氧吧。

浐灞国家湿地公园，是在西安东北部再造的一个"人工肾"，也是灞河入渭口的最后一道"生态屏障"，拥有 48 科 180 种植物、50 科 150 种动物。"灞柳风雪"、"芦荡惊鸿"等自然历史文化景观再现浐灞。

今年 40 岁的张勇是土生土长的灞河人，以前，他和父亲在河道里挖沙，进城售卖，后来因为禁止挖沙，张勇只能外出打工，一次偶然的机会，他学会了鸟类饲养，便从此结缘灞河鸟岛，成为岛上的一名鸟类饲养员。

采访张勇："那时候这边全都是挖沙的、采沙的，河道里面到处都是沙坑。大大小小机械轰鸣，经过一两年短暂的基础建设，环境慢慢就好了，现在变得应该是说，他们叫山清水秀，咱这没有山，起码河水是清澈的，（鸟类）从建设初期普查的时候是六十五种增长到现在目前有二百零六种左右，并且还有国家一级的有四五种都在这个地方出现过，二级类的也有很多。"

今日浐灞　李洲　摄

两条河流穿城而过，路网与水网交汇，绿水共长天一色。经过十年的生态建设，一座国际化、生态化的美丽城市惊艳亮相。

如今的浐灞,已彻底完成了从生态重灾区到城市生态区的转型,成为西北首个国家级生态区,并成功举办了2011年世界园艺博览会和4届欧亚经济论坛。蓬勃发展的现代服务业与生态美景构成了一个新的城市发展范式。

采访浐灞区书记杨六齐:"生态应该是这个城市的基准色,生态和人文应该是这个城市立城的基础,作为一个新的城市理念,应该怎么样把生态理念运用到城市整个的开发、建设、管理之中,那么要在起初的时候,要把生态放到优先考虑最高的标准。"

浐灞的巨变有力地印证了"保护生态环境就是保护生产力,改善生态环境就是发展生产力"。

美好的人类家园总是意味着生态良好、生产发展、生活富裕,这是我们走向幸福的方向。

一辆报废小轿车,通过一道拱门,洗澡、吹干、称重,打上电子标签。车中残留的汽油、柴油、润滑油等被分别抽出,分类存储到油库,避免二次污染。随后,拆轮胎、门窗、坐垫、发动机,引爆安全气囊……一系列工序下来,最后只剩下车壳。

轮胎、门窗和有用的发动机部件,进行再制造;车壳、座椅被送往破碎机,破碎后的残渣送进分选流水线,铜、铝、不锈钢、塑料等自动分类回收。

从整车到碎片,12道工序,3分钟即可完成。一辆车3分钟变再生资源。这是我国的循环工业企业向我们展示的"化腐朽为神奇"的一幕。

按每辆汽车1200公斤计算,蓄电池等需要预处理的部件约为 100 公斤，其余 1100 公斤均为可回收的资源量。其中，钢铁占比约 70%，高密度材料占比约 5%。

一台废旧电视机，经过外壳拆解、显示器荧光粉收集、电路板零部件拆解等工序后，变废为宝。塑料等被加工成塑木型材，电路板中的金、银等各种金属被提取用于再生产。

一块手机电池，处理不当可污染 5 吨水体或者 0.5 平方米土壤，但其中的锂是稀有金属；手机电路板含有千分之三的黄金，含量远超一般的金矿。

电视机、手机、冰箱、电脑等电子废弃物，在循环利用的生产线上，也一一被"吃干榨尽"。

这种以稀贵金属、有色金属为主要回收目标的再生资源被业内称之为"城市矿山"。在发达国家，"城市矿山"的概念已深入人心。日本每年从可回收物资中提取到的金属量，可以与全球少有的几个资源大国媲美。德国、意大利的废钢再生率达到了 60%~70%。

在我国，开发"城市矿产"也正在成为推动循环经济发展、缓解资源紧张的有利路径。目前我国已建起了 50 个城市矿山示范基地，回收产值规模达到了数千亿元，主要再生有色金属产量已连续 3 年突破 1000 万吨，超过了十年前全国有色金属总产量。这就是循环发展显示出的巨大潜力。

循环发展可以着眼于一个产业，也可以着手于一道好吃的地方菜。

四川，天府之国。自然、人文和社会风俗多种景观相生相依，情景交融，造就了得天独厚的生态环境。这里的安逸、优雅和闲适为世人羡慕。

成都人好玩。邛崃天台山，以山奇水美林幽石怪著称。周末，人们驾车前往游玩，一定会在山下的嘉林生态农场歇息。农场的主人张在林亲自主厨，给观光的游客们做上拿手的好菜。

回锅肉是中国八大菜系川菜中一种烹调猪肉的传统菜式，也被称作熬锅肉。它的特点是口味独特，色泽红亮，肥而不腻。川菜的厨师考级必备的一道菜就是烹制回锅肉。

亲自动手烧菜是一种享受，跟许多四川男人一样，张在林喜欢下厨，可以毫不费力地烧出一桌美味。让他得意的是这一道道美食，原材料来源于自己农场里的生态土黑猪。

邛崃土黑猪是邛崃山脉的主要地方猪种，曾经有川西"家家户户养黑毛"的说法，这种最原始的种群也叫成华猪，它还是我国48个优良地方猪种之一，根据史书考证已有1800多年历史。

然而随着近年来大规模养殖的发展，成华猪因饲养成本高被众多养殖户弃养，一度成华猪比大熊猫的数量还要少。2013年的一篇新闻报道称成华猪已濒临灭绝，最准确的一组数字表明：成华猪的种猪存世仅为800余头。

在这里，珍贵的成华猪得到了保护养殖，吃上了无污染的鲜草，喝到了山里的纯净水。

采访饲养场长邱钟："这是我们草场自己种植的，每一个季节种植的草是不一样的,比如说我们六月份种植的草,有清热解毒的作用。这个猪是很珍贵的,这里恒温设置的是28度,高了28度风机就会转。"

47岁的张在林,曾经是一位成功的房地产商。在积累了多年的经营理念和资产之后,他却毅然转身奔向熟悉的农村,承包了家乡的荒山,开始在土里淘金。

当房产商遇到生态农业,曾经的大气魄变成了另一种壮美。别人几年干的活他只用了一年。他带着人从基建开始,盖起猪舍,挖集粪池,种上茶叶,建起了美食博览园。这个集养殖、种植、采摘、观光为一体的生态农场已初见规模。

美丽的天台山,百里林荫,被称作都市的天然氧吧。而山下的嘉林生态农场,同样让人惊艳。在这里,所有的畜牧、物料形成了一个闭合循环体,没有垃圾污染,只有生态美景。

四川嘉林生态农场，游客体验采摘、炒茶、品茶 李洲 摄

成华黑猪吃的是黑麦草和五谷杂粮，粪便撒到周边万亩茶园和农地，是上好的有机肥。

甚至茶园里都有土鸡守护者，这些被称作黑鸡的农家土鸡，被赋予了新的使命：它们吃茶树上的虫子，吃茶树根部的芽草。

十万亩黑茶园，因为有机猪粪的提供改良了土壤，促进了微生物的繁殖。

茶农们变身成为农场的工人，种植有机茶和其他农产品让家庭收入倍增。

张在林在观景台谈农场的闭合循环："我们整个是一个零污染，所有猪的粪便全在地下管道里面，然后我们在茶地全部铺设管道，可以说是一个有机循环的综合体，包括整个茶地，土壤的改良，还有茶地里面篱下养殖的鸡，主要是吃茶杆儿下面的茶叶，有利于鸡的生长，包括清除茶地里面的杂草。"

当一回饲养员，体验一把茶农，泛舟湖上品一杯土茶。呼吸之间吐故纳新，品尝天然的美味，享受慢生活的乐趣。

采访邛崃市常务副市长章建国："邛崃市在农业生态化和生态产业化方面按照规律做了大量的工作，特别是近几年以来，邛崃在围绕把生态做美、产业做优方面，应该说也做了大量的工作。确定零污染的这个环节上，应该说在瞄准农业产业化方面，做了一些尝试的工作。嘉林生态农庄是农业产业化发展的一个项目，既把我们原有的这个品牌保留下来，也在经济发展的过程中采用一种闭合式的方式实现零污染。在这个方面我们今年全市做了大概有二十三个这种项目的基地，应该说效果、反映和实践过程都非常好。"

绿色发展促进着我国产业结构的优化和升级，工业和农业结构正逐步向低消耗、低污染、可循环、高效型迈进。

生态文明呼唤绿色 GDP

建设生态文明需要符合生态文明的发展观和政绩观，我国在过去 30 多年的发展中 GDP 为核心的政绩考评体系首当其冲受到撼动。目前全国已经有 70 多个县市明确取消了传统的 GDP 考核，中国正在告别"唯 GDP 论"，迎来绿色 GDP 时代。

一、GDP 的功过是非

GDP，国内生产总值，英文全称 gross domestic product，指一个国家或地区范围内的所有常住居民，在一定时期内生产最终产品和提供劳务价值的总和。GDP 堪称是最伟大的发明之一，它使人们能够了解社会的经济运行状况，对于我们了解人类的经济活动起到了重要作用。全世界都依靠 GDP 来辨别所处的经济周期，并对长期的经济增长作出估计。关于 GDP 的来历始于老牌资本主义帝国——英国。

17 世纪中后期，英国古典政治经济学创始人威廉·配第（William Petty），用人口数和人均生活开支的估计数，估算英国国民总支出，然后又从土地、房屋、其他财富和各个行业的劳动收入估算英国国民总收入，从而开了国民收入统计的先河。

1931年,英国国会召集一批专家讨论经济中的基本问题,认为必须对国民收入进行一个全面的评估。不久,西蒙·库兹涅茨(Simon Kuznets)被安排去建立一套统一的国民账户体系,这个体系就是国民生产总值的原型。这一时期,正值西方国家经济大萧条,英国经济学家约翰·梅纳德·凯恩斯(John Maynard Keynes)为此开出了一个药方:国家干预经济、实现扩张性财政政策。由此创立了研究国民经济的宏观经济学。1940年,凯恩斯出任英国财政部顾问,参与战时各项财政金融问题的决策。在他的倡议下,英国政府开始编制国民收入统计,使国家经济政策拟订有了必要的工具。

"二战"后,用账户形式核算国民收入与支出受到多方重视,得到广泛传播。联合国统计委员会委托英国剑桥大学教授理查德·斯通(Richard Stone)组成专家小组,专门研究制订了可供各国采用的国民经济账户体系。1953年,《国民经济账户体系及辅助表》出版,国民经济核算体系(System of National Accounting,SNA)正式形成,这被称为"旧版国民经济核算体系"。国民经济核算体系的主要核算指标就包括国内生产总值GDP。1968年,联合国公布了在原体系基础上经修订的《国民经济核算体系》,被称为"新版国民经济核算体系"。此后又经两次修订,分别形成"国民经济核算体系1993版"、"国民经济核算体系2008版"。自此,国民经济核算体系逐渐在国际上通用,国内生产总值GDP成为该体系的核心指标。美国从1932年开始核算GDP,英国从1938年开始核算,中国的GDP核算始于1985年。

GDP可以说是观测全球各国经济运行的"晴雨表",是地区经济与国际经济交往中的"标准用语"。通过GDP,人们可以了解自己所创造的总财富或总价值,可以衡量一个国家的综合国力和社会发展程度，可以把不同国家和地区划分为高收入、中等收入和低收入等发展类型。当然，根据 GDP 数据，还可以比较不同经济体的规模大小，比如，人们形象地称巴西为"世界原料基地"，俄罗斯为"世界加油站"，印度为"世界办公室"（印度软件产业发达，是全球办公软件的出产地），中国为"世界工厂"，南非为"世界珍宝盒"。

因对创建国民经济核算账户作出了突出贡献，西蒙·库兹涅茨（Simon Kuznets）和理查德·斯通（Richard Stone）荣获诺贝尔经济学奖。美国经济学家保罗·萨缪尔森（Paul Samuelson）和威廉·诺德豪斯（William D.Nordhaus）在其名著《经济学》中，对国内生产总值的贡献作了这样的总结："正如太空中的人造卫星能够探测地球各大洲的天气一样，国内生产总值能够给您一幅关于经济运行状态的整体图画。这就使得总统、国会以及联邦储备委员会能够搞清楚：经济是过冷还是过热，是需要刺激一下还是需要紧缩一点，是否有衰退或通货膨胀的威胁。如果没有诸如国内生产总值这样的总量指标，政策制定者就会陷入杂乱无章的数字海洋而不知所措。国内生产总值和有关数据像灯塔一样，帮助政策制定者引导经济向着主要的经济目标发展。"

可以说，GDP 的发明对各国经济增长状况的描述、分析和"诊断"，均具有重大的理论和实践意义，功不可没。半个多世纪以来，世界各国均以 GDP 来核算和考评国内经济活动，对加速工业化和整个经济发展起到了重要的激励作用。但是 GDP 的核算特点是——只管经济增长，不管有多少负面效应。这让人们在追求 GDP 中形成了一种错误的价值观：发展就是单纯的经济增长。经济总量增加的过程，必然也是自然资源消耗增加的过程，也是环境污染和生态破坏的过程。而这些因素并不计在 GDP 的账本之内。

随着社会进步和可持续发展理念的深入，GDP 核算暴露出的问题也越来越多。比如说，建一所大桥，国内生产总值会增长；如果大桥塌了、拆掉后重建，国内生产总值依然会增长；若垮塌后再建一次大桥呢，国内生产总值还是会增长。这样，国内生产总值虽然增长了三次，但却浪费了大量的社会投资，而真正形成的财富就只有那所桥。再比如，环境污染使病人增多，导致家庭负担增大、医疗支出增多，但是这类支出和医疗收入却推高了国内生产总值。人类的病痛反倒成了经济增长的成果！实质上是"有增长，无发展"。还有一些更经典的批评，如"交换母亲"——如果有两个母亲各自在家里照看孩子，则不会生产国内生产总值，如果她们交换看孩子，每个母亲向对方付费，则会增加国内生产总值。显然，这种交换对于这两对母子来说只会增加烦恼，降低幸福感。正如美国罗伯特·肯尼迪（Robert Kennedy）当年竞选总统时所尖锐指出的："国内生产总值衡量一切，但并不包括使我们的生活有意义这种东西。"

针对传统 GDP 的欠缺，北京师范大学哲学与社会学学院田松教授曾经有过这样入木三分的表述：

"让我把这个链条重说一遍。玻璃碎了，屋子里的主人赵女士拿出一笔私房钱，比如 18 元，从钱物业那里买一块玻璃，请孙工人装上，钱物业的玻璃是从李批发那里买的，李批发是从周厂主那里批的，周厂主的石英砂是从吴矿长那里进的，就这样，赵女士的私房 18 元钱如涓涓细流，漫过钱孙李吴周，滋润着整个经济链条以及网络，繁荣了经济，发展了社会。

反之，如果不打碎赵家的玻璃，赵女士就不肯掏钱，整个社会的经济网络就少了 18 元，所以打碎赵家的玻璃，就有了极其重要的现实意义。如果赵女士感到委屈，我们可以这样劝她：第一，你又不是出不起这18元;第二,旧的不去,新的不来啊!第三,你还为社会做了贡献呢,多光荣啊!

这个链条也可以反过来说。吴矿长卖矿给周厂主,赚了;周厂主卖玻璃给李批发,赚了;李批发卖玻璃给钱物业,赚了;钱物业卖玻璃给赵女士,赚了;孙工人付出劳动,赚了。除了最终的消费者赵女士,每一个环节都赚了。这倒也对,经济嘛,只要有一个环节不赚,整个链条就不转了。赵女士的私房钱18元也要从别的链条赚来,比如她在业余时间绣了19朵花,一元一朵,外送一朵,卖给吴矿长——也赚了。大家全赚了,自然就繁荣啦,发展啦,GDP啦,看人家这玻璃破的!玻璃碎了,反倒赚了,碎得越多,赚得越凶,这可比永动机厉害多了!"

有人这样类比现行的国内生产总值:"人的健康指标只有一个,就是体重增加。其他指标及各器官、系统的生长,不仅不重要,而且要统统服从体重增加。为了增加体重,还要注水、打激素,即使这样会导致肥胖、水肿的畸形体质。"

正是基于这种经济增长与发展质量的脱节,学术界和各国政府都在反思以往的发展观,对现行GDP进行改造,探讨建立绿色国内生产总值核算体系,取得了可喜的成果。

二、国际社会的研究探索

绿色GDP最早由联合国统计署倡导的综合环境经济核算体系提出。所谓绿色GDP是人们的一种俗称,就是把经济活动过程中的资源环境因素反映在国民经济核算体系中,将资源耗减成本、环境退化成本、生态破坏成本以及污染治理成本从GDP总值中予以扣除。

其目的是弥补传统 GDP 核算未能衡量自然资源消耗和生态环境破坏的缺陷。比如，当前我国 GDP 的计算方式还没有把环境损失计入，反而把带来污染环境的经济活动的收益计入了，这是不恰当的。按照传统的 GDP 计算方式，木材加工后卖出去增加了经济收益，但是如果按照绿色 GDP 的计算方式，森林的砍伐破坏了环境，造成自然的精神价值、环境价值、生态价值、选择价值的损失，将这些损失考虑进去，原来的 GDP 就会减少甚至呈负增长。

绿色 GDP 的核算原则是：要确认自然资源是有价值的，要把自然资源看做一种资产，一种财富。如果按生产法核算，绿色 GDP= 某产业部门总产出－某产业部门经济资产投入－某产业部门自然资产投入－某产业部门环境成本；如果按照支出法进行核算，绿色 GDP= 最终消费－非经济资产积累＋自然资产耗减。

20 世纪 70 年代以来，联合国等国际组织和一些国家在绿色 GDP 的研究和推广方面做了很多工作。

1981 年，联合国开始研究环境统计方法，历经多年，于 1994 年提出了环境经济核算，即绿色 GDP 核算的基本框架，又经两次修订，形成"SEEA2003 版"文件，这已成为世界各国开展绿色 GDP 核算的指导性文件。

日本政府较早关注到绿色 GDP 这一领域的研究。1973 年日本政府提出净国民福利指标，其主要内容是在经济发展中必须考虑环境污染的影响，国家制定各类污染的允许标准，超过污染标准需要列出治理污染所需的经费，从国内生产总值中扣除。1998 年，日本建立了较为完整的资源环境账户体系。

挪威从 1978 年开始进行资源环境核算。重点是矿物资源、生物资源、流动性资源（水力）、环境资源，还有土地、空气污染以及两类水污染物（氮和磷）。建立起了包括能源核算、鱼类存量核算、森林存量核算，以及空气排放、水排放物（主要是人口和农业的排放物）、废旧物品再生利用、环境费用支出等项目的详尽统计制度，为建立绿色 GDP 核算体系奠定了基础。

芬兰借鉴挪威的做法，建立起了自然资源核算框架体系。其资源环境核算的内容有三项：森林资源核算、环境保护支出费用统计和空气排放调查。其中最重要的是森林资源核算。森林资源和空气排放的核算，采用实物量核算法，而环境保护支出费用的核算则采用价值量核算法。

20 世纪 90 年代，加拿大统计局建立了一套较为完整的资源与环境核算框架，能够编制比较完整的核算账户，包括自然资产的存量账户、能源和原材料的流量账户，还有环保支出账户，这一套资源与环境核算框架深受国际社会的推崇。据加拿大《人类活动与环境 2011》报告显示，2009 年，加拿大自然资本存量、矿产资源、木材和土地资本的价值为 2.998 万亿美元，生产财富 4.378 万亿美元。

在联合国的支持下，墨西哥于 1990 年率先实行绿色国内生产总值核算，将石油、各种用地、水、空气、土壤和森林列入环境经济核算范围，再将这些自然资产及其变化编制成实物指标数据。据有关资料显示，2008 年，墨西哥固定资产消耗占国内生产总值的比重为 12%，资源损耗占比为 8.49%，二氧化碳损害占比 0.32%，因环境问题损失了 9% 的国民收入。

世界各国绿色 GDP 的核算内容各不相同，但都将环境、社会、民生与经济纳入一体，都在朝着可持续的方向而努力。他们的探索和实践，对我国建立绿色 GDP 核算体系有着重要的借鉴意义。

三、中国绿色 GDP 的探索与推进

我国自改革开放以来,实行的一直是以经济建设为中心的政策,发展是第一要务,把经济抓上去是全国各级政府和部门工作的重中之重,其他环保、教育、文化等工作纷纷靠边。反映在干部的政绩考核上,就表现为"唯 GDP 论英雄",只要有了经济成就,其他均可忽略。这使得与 GDP 无关的环境问题很容易被政府官员漠视,而能增加 GDP 的各种污染企业则能顺利地安家落户,且受到地方保护。有来自外媒的报道指出,有经济学调查发现,一些地方的环保投资占当地 GDP 的比例每升高 0.36%,当地书记的升迁机会就会下降 8.5%。这些经济学家认为,只有"平庸"的官员才会关注环境,而有"雄心壮志"的官员则会通过修建新路和基础设施来提升经济。这种扭曲的政绩观在建设生态文明的今天当休矣!如果呼吸的是污染的空气,吃的是有毒的食品,账户上的数字增长再多又有何用,这种 GDP 不是我们想要的。

随着生态文明建设的推进,虽然"绝不能以牺牲生态环境为代价换取经济的一时发展"已成为社会共识,但唯 GDP 论在我国扎根太深,如不切实改变全国的"GDP 崇拜",不建立新的政绩评价体系,绿色发展就是一句空话。

早在 21 世纪初,中央就提出建立符合科学发展观的干部考核体系,中央有关部门也准备着手推出绿色 GDP 核算体系,但由于各地情况不同,难有科学考评标准而搁浅,但其取得的阶段性成果不容抹杀。

2001 年,国家统计局在重庆市开展了资源绿色国民经济核算试点,探索出了初步的可操作核算框架。之后又进行了海南省森林资

源核算工作。在此基础上,国家环保总局和国家统计局于2004年9月确立了两个框架性技术方案,即《中国资源环境经济核算体系框架》和《中国环境经济核算体系框架》,并经过了专家论证。其中,《中国环境经济核算体系框架》被首先应用于绿色GDP试点核算工作。试点工作从2005年3月开始在全国逐步推广,试图以绿色GDP取代传统GDP成为考核地方官员政绩的主要指标。

福建武夷山的生态农村　李洲　摄

海南三亚市保亭县的乡村　李洲　摄

2005年2月,国家环保总局和国家统计局在北京、天津等10个省市正式启动了以环境核算和污染经济损失调查为内容的绿色国内生产总值试点工作。这是致力于转变发展方式的一次重大行动。2005年11月23日,国务院常务委员会通过了《国务院关于落实科学发展观　加强环境保护的决定》,明确提出要将环境保护纳入地方政府和领导干部考核的重要内容,定期公布考核结果,严格责任追究。

2006年9月7日,国家环保总局和国家统计局联合发布了《中国绿色国民经济核算研究报告2004》。这是中国首次发布的绿色国民经济生产总值核算报告,也是迄今为止唯一一份被公布的绿色国内生产总值核算报告。报告提出,中国环境污染损失超过国内生产总值的3.05%,敲响了对GDP盲目崇拜的警钟。值得注意的是,这个3.05%的数据仅计算了10项污染损失,如果把那些没有核算的内容加进去，实际损失数字要比公布的高得多。

2012年2月，由环境保护部环境规划院牵头完成了《2009年中国环境经济核算报告》。

这些绿色GDP的研究为什么屡次中断而最终没能形成制度？环境保护部环境规划院副院长兼总工程师王金南在2015年4月做客《新华访谈》时分析了其中的原因。

王金南：我个人看法有这样几个原因：

第一，绿色GDP核算研究是一个新生事物，无论是从方法学、数据质量控制、数据可比性等方面都存在很多问题。从这个层面来说，它并不是一项成熟的东西，从研究到一项制度之间需要走很长的路。

第二，政府部门之间对这个问题的看法也可能不太一致，包括技术层面的分歧。有时甚至涉及一个话语权的问题。

第三，那时地方政府确实也不太喜欢这个东西，有的地方GDP本来是9%左右，但按照绿色GDP的标准一扣，政绩就下降了一大截，给地方造成了很大冲击。在我们第一次核算研究过程中，有的地方政府明确来函向我们表示不要公布他们的绿色GDP数据。

王金南谈到的"不成熟"，主要指的是来自于核算方面的技术难题。这也是在我国开展绿色GDP探索的过程中，专家学者一直有不同看法和争议的关键点所在。例如砍伐一片森林，可以纳入国内生产总值统计，但因为森林砍伐而导致依赖森林生存的许多生物的灭绝，这些损失却难计算。还有因为森林砍伐而造成的大面积水土流失，这一价值又该如何来衡量？这些并没有市场交易行为的存在，难以确定它们的经济价值。绿色GDP的核算，涉及统计学、经济学、环境科学等多学科领域，要反映资源环境的真实代价，还需要大量的多部门的调查统计数据的支持。

但是，这都不足以成为推行绿色 GDP 的阻力。只要想真正推行，粗略核算，逐步细化有何不可？何况全球已经有部分国家和地区作了较为可行的核算，我们完全可以借鉴，绝不能因为技术方法不成熟而退缩。

事实上，经过这么多年的探索与实践，加上现实情况的严峻性，推行绿色 GDP 已经水到渠成，当前全社会对推行绿色 GDP 有着强烈的愿望与要求，包括各地政府官员的政绩观和生态意识也有了很大提高。在 2006 年时，《中国青年报》公布的某省环保局的一项调查问卷显示，在接受调查的人群中，有高达 91.95% 的市长（厅局长）认为加大环保力度会影响经济增长。而根据 2015 年环保部对 100 个市长进行的调查，96% 的官员认为建立绿色 GDP 这套核算体系能够促进地方政府改变政绩观，树立正确的政绩观。86% 的官员认为绿色 GDP 可以作为考核指标。公众对这个事情更是强烈支持。

2015 年 4 月，环保部宣布，我国将再度重启绿色 GDP 研究，重启后的这项工程被称为绿色 GDP2.0 核算体系。相信这次研究不会再夭折，并能很快从研究成果形成政绩考评制度。这是建设生态文明社会的迫切要求，也是全社会对绿色发展的呼唤。

随着绿色 GDP 的呼之欲出，建立绿色政绩观及其相应的新的考评制度也指日可待，它将时刻提醒政府官员和决策者：为了你的政绩自然界付出了多少代价？抛却环境代价后，你的真实政绩还能剩下多少？

链接阅读

东兰的"绿色崛起"

[摘选自《生态文明启示录》纪录片解说词]

在云贵高原的南缘,广西壮族自治区西北部,有一处山岭连绵、幽谷纵横的神奇之地。穿境而过的红水河与绵延起伏的峰林在这里不期而遇,东兰,犹如一幅流动的山水画卷。

广西东兰的名片——红水河第一湾 李洲 摄

东兰县是著名的革命老区,是广西农民运动的发祥地和百色起义的策源地,邓小平、张云逸等老一辈无产阶级革命家曾在这里战斗,这里更是我国早期著名的农民运动领袖韦拔群的故乡。革命战争时期,东兰有9000多人参加红军和赤卫军,1600多人参加长征,走出了韦国清、韦杰、覃健、韦祖珍、覃士冕等5位共和国第一代将军。

红色旅游景区——列宁岩　李洲　摄

　　红色，成为东兰的一张名片，拔哥的故事让东兰人引以自豪。然而，崇山峻岭挡住了东兰走向富裕的大门，受到资源短缺、交通不便等因素的影响，经济发展一度停滞不前。这里属滇桂黔石漠化片区县，又是广西28个国家扶贫开发工作重点县之一，"九分石头一分土"的地貌条件，使工农业发展困难重重。

东兰县长乐乡在红水河边发展生态旅游业　李洲　摄

好山好水，却不能变成真金白银。经过多年的摸索，东兰人意识到：立足生态，发展优势绿色产业，变生态为生产力，不失为一条切实可行的经济发展战略。

东兰县抓住生态农业这个主线，以大造公益林、致富林为切入点，发展独具特色的林上经济和林下经济。在"锅一瓢碗一瓢"的石头地中，实现了"化石为财"，"绿""富"双赢，不仅让荒山披上绿装，使山更青水更秀生态更美。全县采取封山育林，建立生态林保护区180万亩，治理石漠化170万亩。引导农民放下斧头，拿起锄头，种植经济果木林，重点选择"短期能增收、长期能致富"的核桃、板栗、山茶油、桑蚕等经济林，经济林一箭双雕，既富了经济又美了生态。林下经济产品东兰黑猪、三乌鸡、富硒米已成为著名品牌，并且行销全国。

大山深处的隘洞镇牛角坡，年轻的养殖合作社理事长陈勇经营着这个规模不大的乌鸡养殖种场，每天早上他要亲自在山间草场地里采割鲜草，切碎了再拌上些五谷杂粮，撒在板栗林间的鸡舍边，引来群鸡争食。东兰乌鸡因羽、肉、骨呈乌黑色而得名，肉质细嫩、营养价值高，是国家地理标志的保护产品。

5年前，陈勇还是一个迷茫的打工仔，得知家乡鼓励农民发展生态养殖业的消息后，他返回家乡，凭借打工赚取的第一桶金，承包了隘洞镇这片1000多亩的山林，开始了"山上种板栗，林下养乌鸡"的绿色事业。

在县农林畜牧部门的技术指导和帮扶下，陈勇不仅自己入了门成为行家里手，还带动镇子里百余户农民一起致富。以"合作社+基地+农户"模式,通过抓养殖龙头带基地,逐步走上了规模化生产、产业化经营的路子。他还尝试通过互联网销售成品乌鸡和乌鸡蛋,拓展销售渠道,开通了个人微信,在微信平台中进行宣传推广。

采访陈勇:我们每年出栏10万羽,8万羽销往全国各地,其他2万羽在我们本地就消化掉了。养乌鸡劳动强度不大,很适合留守的妇女和老人来养。我们场里的一个大姐,家里供三个孩子上大学,原来很穷的,现在已在街上买了地皮打算起新房了。山下的一户原来是库区的移民,以前过得也很困难,今年也打算起新房了。

发展要绿色化已成为当地的共识,东兰的各经济部门、各行各业,已经把保护生态环境作为刚性约束,做到低污染甚至无污染。绿色发展改变了东兰经济格局,第二、第三产业在东兰经济中的比重不断增加。2015年,东兰经济增速在河池市全市排名第二位。

绿色发展让东兰守住了绿水青山,收获了金山银山。

"生态乡村"的建设使美丽的乡村文明在这里得以延续、繁荣,幸福家园的图景在这里随处可见。村屯绿化、饮水净化、道路硬化,每一个村庄都是镶嵌在山水画中的人文美景。

一条41公里长的"红军路",把东兰武篆镇、韦拔群故居、韦拔群牺牲地、巴马西山乡连接起来,这是纪念韦拔群诞辰115周年时筹资5300万元扩建的,成为沿线5万多群众的"致富路"。一条条通屯道路的建设,解决了山区群众出行难的问题,东兰的通村水泥路建设水平,已经走在全自治区前列。

东兰南接世界长寿之乡巴马,西临世界地质公园凤山,"东巴凤"三县,被人们称为世界"长寿金三角"。

如今这里不仅是红色旅游胜地、将军之乡、铜鼓之乡,全区唯一的"中国十佳最美乡村旅游目的地",曾被中国老年学学会授予"中国长寿之乡"称号。全县森林覆盖率高达77.65%,空气负氧离子高达每立方厘米3万~5万个,天然氧吧造就了长寿之乡。据统计,全县80岁以上老人有5000人多,占总人口数的1.69%,远超全国平均水平。每10万人中百岁以上老人就多达28位。

生态山水养生天堂——东兰　李洲　摄

以红色为招牌,以绿色为基础,东兰正在积极打造"生态山水、养生天堂"生态度假旅游品牌。依托红水河两岸自然风光优美、田园风光秀丽等优势,着力打造仙驼峰景区、鱼乐世界、江平格桑花田园等乡村旅游品牌,鼓励和支持民间参与投资开发,建设长乐坡豪"文化养生书院"、

"月亮河长寿度假村"、长乐溶洞奇观等景区。近年来全县共接待游客数量每年都有10%以上的增速，实现旅游收入增长30个百分点。

长期的"生态坚持"，让东兰远离了污染侵扰，让老百姓尝到了甜头。东兰，已悄然翻开新的篇章。

在这片红色的土地上，革命先辈书写了一部读不尽的英雄史诗；今天，在生态文明的漫卷里，东兰人又谱写着"绿色崛起"的壮美篇章。

让法制长出铁齿钢牙

"二战"期间，美国空军降落伞的合格率为99.9%，这就意味着从概率上来说，每一千个跳伞的士兵中会有一个因为降落伞不合格而丧命。军方要求厂家必须让合格率达到100%才行。厂家负责人说他们竭尽全力了，99.9%已是极限，除非出现奇迹。军方就改变了检查制度，每次交货前从降落伞中随机挑出几个，让厂家负责人亲自跳伞检测。从此，奇迹出现了，降落伞的合格率达到了百分之百。

这就是制度的力量。

建设生态文明社会是一项涉及政治、经济、文化、社会建设方方面面的庞大复杂的系统工程，离不开制度和法治的强力保障。制度若不健全，法治如果失效，生态文明建设将不能顺利进行，更难以持续。所谓"小智治事、中智用人、大智立法"。法律制度是对人类行为和意识的调整器。习近平总书记指出,"只有实行最严格的制度、最严密的法治,才能为生态文明建设提供可靠保障"。

2015年,是中国环境发展史上具有里程碑意义的一年,中央对生态文明建设和环境保护作出重大战略部署,还发布了两份重要的"姊妹篇"文件——《关于加快推进生态文明建设的意见》和《生态文明体制改革总体方案》。以此为发端,各地、各部门行动起来,初步建立起了生态文明制度体系,修订了环保法,使我国的环保法制进入了"重典时代"。

一、修订法律,让环保法长出"铁齿钢牙"

历史上,为了保护环境,人们把调整人与人关系的法律制度,相继引入到环境保护中,由此形成了环境法制。从18世纪工业革命开启后,全球环境法制建设经历了限制、治理、预防三个阶段。芬兰1734年就制定了《森林法》,卢森堡在1872年制定了《废气排放许可制度》,英国在1863年制定了《制碱法》。这都是比较早的环境法规。世界上第一部关于环境影响评价的正式立法是美国于1970年1月1日实行的《国家环境政策法》,被环保人士奉为"环境宪法"。

我国的环保工作起步于1972年,那时候,动乱中的中国认为环境污染是西方世界的不治之症,我们社会主义制度不可能产生环境污染。在1972年,我国派团参加了在斯德哥尔摩举行的联合国人类环境会议,本是带着批判资本主义的眼光去的,但参加这次会议的我国首任环保总局局长曲格平却透过这面镜子,猛然看到了中国环境污染的严重性。1973年,我国召开了第一次全国环境保护会议,这一年被称为中国环保元年。于1979年试行、1989年正式颁布的《中华人民共和国环境保护法》,是我国环保法规中唯一一部综合性的法律。30多年来,我国相继制定了以环保法为主体的30部环境与资源方面的法律,还出台了环保目标责任制、环境影响评价等基本制度。可谓已经实现了"有法可依",但实际上,这么多环保法制并没有得到有效贯彻,没有发挥出应有的作用。一个很突出的问题就是环保执法过软过松,这主要由两方面原因造成:一是环保法太软。一些重大的污染环境和破坏生态的行为得不到追究,企业违法成本低、守法成本高。一个10万千瓦的发电机组,每天的环保成本是五六十万元,如果不开环保设备就等着罚款一万,是花五六十万还是一万,企业当然会算这个账。二是存在地方干预。我国的地方保护主义盛行,环保执法常常受到地方党委、政府的随意干涉。长期以来,政府与企业的关系是很"暧昧"的,政府靠企业提供财政来源,环保部门对污染企业不敢"下死手打"。一些污染大户往往也是赢利大户,你要罚款要停产,地方政府就会出面制止。隶属地方管理的环保部门究竟还得听命于当地政府,只好睁一只眼闭一只眼了事。一些不法企业偷排、超排,甚至造成严重后果的,也只是象征性地交点罚款了事。

环保执法的过软过松导致我国环境违法问题十分突出,例如,环境影响评价本是一个很好的制度,要求在项目建设前事先对环境造成的影响进行调查和评价,但是一些地方拒不按照环评制度办事,很多重大建设项目边施工边进行环境评价,有人戏称为"先上车后买票",环评制度形同虚设。还有的地区环评率达到100%,但是出了污染事故以后,有关部门进行检查时却发现该项目根本没有经过环评，完全是弄虚作假。法律明确规定："规划"必须要先评价后实施。但许多省、市、县的规划很少经过环评。规划环评其实比项目环评更重要，一个地区到底应该搞什么，不应该搞什么，都是通过规划定的。如果这个环节错了，整体就错了。这往往也不是环保部门不执行，而是有些部门比环保部门权力大，就可以堂而皇之地不执行。

凡此种种，环保执法的过软过松一直为全社会所诟病。有法不依、执法不严、环保执法难现象长期存在，难以根除，有损法律尊严。在充分考虑现实、吸纳民意的情况下，经过了3年的修订，2015年1月1日，被环保专家称为"史上最严"的新环保法施行。新环保法首次明确"保护优先"的原则。环境保护由20世纪70年代的末端治理，到80年代的防治结合，到90年代的过程控制，再到现在的保护优先，环保理念在不断升华。修订后的环保法，使出了"按日计罚款"、"查封扣押"、"公益诉讼"等杀手锏，加大了对企业环保违法的惩治力度，目的就是要让那些违法企业承受付不起的代价。新环保法赋予环保部门查封、扣押违法排污设备的行政强制权，使环保部门能够在发现环境违法的第一时间采取控制污染的法律措施；责令限制生产、停产整治，以法律手段倒逼企业迅速治理污染；对拒不整改继续违法排污的企业，以原处罚额为基数，实施连续按日计罚，这对原来不在乎区区罚款的企业是一记重拳，大大增加了企业的违法成本，扭转了"守法成本高，违法成本低"的痼疾；新环保法增加了对环境违法适用行政拘留的条款，将对严重环境违法的责任人员给予最严厉的法律制裁。

新环保法还借鉴国际惯例，扩大了公益诉讼主体范围，凡依法在设区的市级以上人民政府民政部门登记的，专门从事环境保护公益活动连续五年以上且信誉良好的社会组织，都能向人民法院提起诉讼。环境民事公益诉讼案件可跨行政区划管辖，同一污染环境行为的个人私益诉讼可搭公益诉讼便车。这改变了环境民事公益诉讼屡屡被挡在司法大门之外的状况。

2016年1月21日，江苏泰州"天价"环境公益诉讼案尘埃落定。最高人民法院裁定驳回泰州一家企业的再审申请，被告企业被要求赔偿环境修复费用1.6亿余元的审判结果维持不变。这起时间跨度长达3年的公益诉讼案源于一起长期倾倒废酸、污染环境事件，泰州市环保联合会对提供危险废物的6家源头企业提出了公益诉讼，双方展开较量，从中级人民法院一直打到最高人民法院，引起众多媒体与社会各界广泛关注。此案一经落定，社会各界拍手称快：新环保法，确实有钢牙利齿！

2015年10月29日，福建省南平市中级人民法院对新环保法生效后的第一起环境公益诉讼案件——福建南平生态破坏案一审开庭宣判，被诉毁林的四名被告被判赔127万元并修复生态环境。2008年7月底，谢知锦等四名被告在未依法取得占用林地许可证及办理采矿权手续的情况下，在南平市延平区葫芦山开采石料，并将剥土和废石倾倒至山下，严重破坏了周围的天然林地，被破坏的林地不仅本身完全丧失了生态功能，而且影响到了周围生态环境功能及整体性，导致生态功能脆弱或丧失。在2015年1月1日，新环保法生效当日，由自然之友和福建绿家园作为共同原告提起环境公益诉讼，请求法院责令四被告依法承担相应民事责任，被福建省南平市中级人民法院立案受理。

公益诉讼也使环保部门的执法工作受到法律监督。2016年1月13日，贵州省福泉市人民法院公开开庭，审理了贵州省锦屏县人民检察院诉锦屏县环境保护局环境行政公益诉讼一案，当庭宣判：确认被告锦屏县环境保护局在2014年8月5日至2015年12月31日对鸿发、雄军等企业违法生产的行为怠于履行监管职责的行为违法。这是人民法院审结的第一起由检察机关提起的环境公益诉讼案件。

以新环保法为龙头，一系列有力保护生态环境的法律法规体系也正在形成。2014年7月1日起，我国所有火电厂开始执行新版大气污染物排放标准。这份被称为"有史以来最严"的火电厂排放标准，与发达国家和地区现行标准不相上下，其中，二氧化硫等排放限值比欧盟、美国更严。铁腕治污可见一斑。《大气十条》、《水十条》等法规陆续出台。

最高人民法院、最高人民检察院于2013年6月对环境污染刑事案件的定罪量刑标准作出新的规定，降低了入罪门槛，使"污染环境罪"不再高束于案牍之上，体现了从严打击环境污染犯罪的立法精神。

紫金矿业集团股份有限公司紫金山金铜矿2010年以来连续发生多起重大环境污染事故，致使汀江河局部水域受到铜、锌、铁、镉、铅、砷等的污染，造成养殖鱼类死亡达370.1万斤，经福建省龙岩市新罗区人民法院一审判决、龙岩市中级人民法院二审裁定被告单位被处罚金人民币3000万元，多名企业负责人被追究刑事责任。

云南澄江锦业工贸有限责任公司2005年至2008年间，未建设完善配套环保设施，经多次行政处罚仍未整改，致使生产区内外环境中大量富含砷的生产废水通过地下渗透随地下水以及地表径流进入阳宗海，导致该重要湖泊被砷污染，构成重大环境污染事故罪，经法院判决，被处罚金人民币1600万元，三名企业责任人分别被判处四年和三年的有期徒刑。

"以为最多只是罚票子，后来才知道还要蹲号子。"曾担任浙江某化工公司常务副总经理的代某将公司生产药品所产生的残渣，交给没有处理资质的单位进行处理，这些危险废物被运输到湖北省大冶市一处山坳倾倒。2014年1月，代某被判处有期徒刑6个月，其他3名被告人分别被判处5至8个月不等的刑期。这是"两高"司法解释实施后，湖北省首例因环境污染行为被判刑的案件。

污染环境罪如何办？

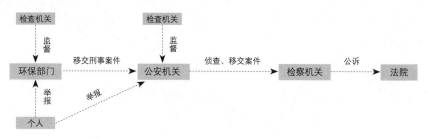

环境污染案件受理程序

最高检的统计数据显示，从2013年6月至2014年5月，全国检察机关共批准逮捕涉嫌污染环境罪案件459件799人，起诉346件674人，办案数量同比提升了六七倍。据环保部统计，2013年各级环保部门共向公安机关移送涉嫌环境犯罪案件706件，移送数量超过以往10年总和。另据统计，从2014年1月至2015年11月，全国法院已受理环境资源类行政案件43917件。我国正逐步走向环境法治轨道，用法律手段处理环境问题日渐成为常态。

二、用制度保障生态文明：源头严防、过程严管、后果严惩

建设生态文明，必须有制度护航。没有系统完整的制度体系，生态文明建设难以推进。党的十八大把生态文明建设纳入中国特色社会主义事业五位一体总布局，十八届三中全会对加快生态文明制度建设做出进一步部署。各地、各部门积极行动，加快制度设计。国土空间开发、资源节约利用、生态环境保护的体制机制不断健全，"源头严防、过程严管、后果严惩"的生态文明制度体系已日臻完善。

七个源头严防制度：

健全自然资源资产产权制度。我国自然资源资产分别为全民所有和集体所有，但目前没有把每一寸国土空间的自然资源资产的所有权确定清楚，没有清晰界定国土范围内所有国土空间、各类自然资源的所有者。健全自然资源资产产权制度就是要对水流、森林、山岭、草原、荒地、滩涂等自然生态空间进行统一确权登记，形成归属清晰、权责明确、监管有效的自然资源资产产权制度。

健全国家资源自然资源资产管理体制。我国宪法规定，矿藏、水流、森林、山岭、草原、荒地、滩涂等自然资源，都属于国家所有，即全民所有；由法律规定属于集体所有的森林和山岭、草原、荒地、滩涂除外。但全民所有自然资源的所有权人不到位，所有权权益不落实；监管体制上没有区分作为部分自然资源资产所有者的权利与作为所有自然资源管理者的权力。随着自然资源越来越短缺和生态环境遭到破坏，自然资源的资产属性越来越明显,市场价值不断攀升，自然资源和生态空间的未来价值、对中华民族生存发展的意义越来越重大。

健全国家自然资源资产管理体制，就是要按照所有者和管理者分开和一件事由一个部门管理的思路，落实全民所有自然资源资产所有权，建立统一行使全民所有自然资源资产所有权人职责的体制，授权其代表全体人民行使所有者的占有权、使用权、收益权、处置权，对各类全民所有自然资源资产的数量、范围、用途进行统一监管，享有所有者权益，实现权利、义务、责任相统一。

完善自然资源监管体制。国家对全民所有自然资源资产行使所有权并进行管理和国家对国土范围内自然资源行使监管权是不同的，前者是所有权人意义上的权利，后者是管理者意义上的权力。我国实行对土地、水资源、海洋资源、林业资源分类进行管理的体制，很容易顾此失彼。必须完善自然资源监管体制，使国有自然资源资产所有权人和国家自然资源管理者相互独立、相互配合、相互监督，统一行使全国960万平方公里陆地国土空间和所有海域国土空间的用途管制职责，对各类自然生态空间进行统一的用途管制制度，对"山水林田湖"进行统一的系统性修复。

坚定不移地实施主体功能区制度。这是从大尺度空间范围确定各地区的主体功能定位的一种制度安排。各地区必须严格按照主体功能区定位推动发展，北京、上海等优化开发区域，要适当降低增长预期，停止对耕地和生态空间的侵蚀，开发活动应主要依靠建设用地存量调整解决；三江源等重点生态功能区和东北平原等农产品主产区，要坚持点上开发、面上保护方针，有限的开发活动不得损害生态系统的稳定性和完整性，不得损害基本农田数量和质量。自然价值较高的区域要实行禁止开发。要加紧编制完成省级主体功能区规划，健全财政、产业、投资等的政策和政绩考核体系，对限制开发区域和生态脆弱的扶贫开发工作重点县取消地区生产总值考核。

建立空间规划体系。法律确定原则，规划划定界限。法律只能确定哪种自然空间必须实行用途管制，哪类国土空间必须限制开发或禁止开发，但具体边界必须通过空间规划来划定和落实。我国是世界上规划最多的国家，但多是计划经济留下来的产业规划、专项规划，符合市场经济原则的空间规划体系还没有建立起来。城乡规划、国土规划、生态环境规划等都带有空间规划性质，但总体上还没有完全脱离部门分割、指标管理的特征，各类空间还没有真正落地，且各类规划之间交叉重叠，都想当"老大"，没有形成统一衔接的体系。要改革规划体制，形成全国统一、定位清晰、功能互补、统一衔接的空间规划体系。改革上级政府批准下级行政区规划的体制，改为当地规划由当地人民代表大会批准。增强规划的透明度，给社会以长期明确的预期，更多依靠当地居民监督规划的落实。在国家层面，要理清主体功能区规划、城乡规划、土地规划、生态环境保护等规划之间的功能定位，在市县层面，要实现"多规合一"，一个市县一张规划图，一张规划图管100年。市县空间规划要根据主体功能定位，划定生产空间、生活空间、生态空间的开发管制界限，明确居住区、工业区、城市建成区、农村居民点、基本农田以及林地、水面、湿地等生态空间的边界，清清楚楚、明明白白，使用途管制有规可依。

落实用途管制。自然资源和生态空间是我们中华民族永续发展的基础条件，无论所有者是谁，无论是优化开发区域还是限制开发区域，都要遵循用途管制进行开发，不得任意改变土地用途。我国已建立严格的耕地用途管制，但对国土范围内的一些水域、林地、海域、滩涂等生态空间还没有完全建立用途管制，致使一些地方用光占地指标后，就转向开发山地、林地、湿地湖泊等。我们知道，"山水林田湖"是一个生命共同体,人的命脉在田,田的命脉在水,水的命脉在山,山的命脉在土,土的命脉在树。砍了林,毁了山,就破坏了土地,山上的水就会倾泻到河湖,土淤积在河湖,水就变成了洪水,山就变成了秃山。一个周期后,水也不会再来了,一切生命都不会再光顾了。要按照"山水林田湖"是一个生命共同体的原则,建立覆盖全部国土空间的用途管制制度,不仅对耕地要实行严格的用途管制,对天然草地、林地、河流、湖泊湿地、海面、滩涂等生态空间也要实行用途管制,严格控制转为建设用地,确保全国生态空间面积不减少。

建立国家公园体制。这是对自然价值较高的国土空间实行的开发保护管理制度。我国对各种有代表性的自然生态系统、珍稀濒危野生动植物物种的天然集中分布地、有特殊价值的自然遗迹所在地和文化遗址等,已经建立了比较全面的开发保护管理制度,但这些自然价值较高的自然保护地被"五马分尸",一座山、一个动物保护区,南坡可能是一个部门命名并管理的国家森林公园,北坡可能是另一个部门命名并管理的自然保护区。这种切割自然生态系统和野生动植物活动空间的体制,使监管分割、规则不一、资金分散、效率低下,该保护的没有保护好。要通过建立国家公园体制,对这种碎片化的自然保护地进行整合调整。

五个"过程严管"制度:

实行资源有偿使用制度。使用自然资源必须付费,这是天经地义的。但我国资源及其产品的价格总体上偏低,所付费用太少,没有体现资源稀缺状况和开发中对生态环境的损害,必须加快自然资源及其产品价格改革,全面反映市场供求、资源稀缺程度、生态环境损害成本和修复效益。我国工业用地总量偏多,居住用地偏少,比例失调。原因之一是土地价格形成机制混乱，各地为招商引资，工业用地实际出售价格往往低于基准价，甚至零地价，为弥补工业用地上的亏空，居住用地屡屡被打造出"地王"，价格畸高。要建立有效调节工业用地和居住用地合理比价机制，提高工业用地价格，从源头上缓解房价上涨压力。同时，要通过税收杠杆抑制不合理需求。当代的价格机制难以充分体现自然资源的后代价值，当代人不肯为后代人"埋单"，必须通过带有强制性的税收机制提高资源开发使用成本，促进节约。要正税清费，实行费改税，逐步将资源税扩展到占用各种自然生态空间。如果对抽采地下水实行水资源税，就可以有效抑制过量开采地下水的行为。

生态补偿制度。重点生态功能区保护生态环境就是保护和发展生产力，就是在发展，只不过发展的成果不是生产工业品和农产品，而是生态产品。生态产品生产者向生态产品消费者出售生态产品，理应平等交换、获得收入，这不是施舍或救助。生态产品具有公共性、外部性，不易分隔、不易分清受益者，中央政府和省级政府应该代表较大范围的生态产品受益人通过均衡性财政转移支付方式购买生态产品，这就是生态补偿。所以，要完善对重点生态功能区的生态补偿机制。同时，对生态产品受益十分明确的，要按照谁受益、谁补偿原则，推动地区间建立横向生态补偿制度。如河北的张承地区，肩负着为北京、天津提供优质足量水资源的主体功能，京津两市就应该给予必要的补偿，并使之制度化。这样，才能使保护生态环境、提供生态产品的地区，不吃亏、有收益、愿意干。

2011年起，由财政部和环保部牵头组织、每年安排补偿资金5亿元的全国首个跨省流域生态补偿机制试点，在新安江启动实施。各方约定，只要安徽出境水质达标，下游的浙江省每年补偿安徽1

亿元。3年来，这一机制让新安江江水变清了，江面变干净了。

资源环境承载能力监测预警机制。资源环境承载能力是指在自然生态环境不受危害并维系良好生态系统前提下，一定地域空间的资源禀赋和环境容量所能承载的经济规模和人口规模。水、土地等不宜跨区域调动的资源，以及无法改变的环境容量，是一种不以人的意志为转移的物理极限，不是靠价格机制能调节的。我国不少地区在现行发展方式下的经济规模和人口规模已经超出其资源环境承载能力极限，国土空间开发强度过高，生态空间和耕地锐减，大量开采地下水，污染物排放超出环境自净能力。建立资源环境承载能力监测预警机制，就是根据各地区自然条件确定一个资源环境承载能力的红线，当开发接近这一红线时，提出警告警示，对超载的，实行限制性措施，防止过度开发后造成不可逆的严重后果。

完善排污许可证制度。排污许可制是国际通行的一项环境管理的基本制度，美国、日本、德国、瑞典、俄罗斯，我国台湾地区、香港地区都已对排放水、大气、噪声污染的行为实行许可证管理。我国在20世纪80年代末就提出建立污染排放许可制，但目前仍没有完全建立，立法层次低，许多还是政策性规定，地区之间很不平衡。排污许可证制的核心是排污者必须持证排污、按证排污，实行这一制度，有利于将国家环境保护的法律法规、总量减排责任、环保技术规范等落到实处，有利于环保执法部门依法监管，有利于整合现在过于复杂的环保制度。要加快立法进程，尽快在全国范围建立统一公平、覆盖主要污染物的污染物排放许可制。

实行企事业单位污染物排放总量控制。总量控制包括目标总量控制和环境容量总量控制。前者如，根据国家"十一五"规划、"十二五"规划确定的主要污染物总量减排指标，分解落实到各省、自治区、直辖市,各省区市再分解到所辖的市,市再分解到县,市、县两级再分解到具体排污企业,同时,国家也对中央企业直接规定总量减排指标。后者如,我国大气污染防治法规定,在特定区域,由地方政府核定企业事业单位的主要大气污染物排放总量。总体上看,我国目前还没有建立规范的企事业单位污染物排放总量控制制度,现在的总量层层分解,具有行政命令性质,不是法定义务,特定区域和特定污染物的总量控制,覆盖面窄。实行企事业单位污染物排放总量控制制度,就是要逐步将现行以行政区为单元层层分解最后才落实到企业,以及仅适用于特定区域和特定污染物的总量控制办法,改变为更加规范、更加公平、以企事业单位为单元、覆盖主要污染物的总量控制制度。

两个后果严惩的制度:

建立生态环境损害责任终身追究制。这是针对领导干部盲目决策造成生态环境严重损害而实行的制度。我国生态环境的问题与不全面、不科学的政绩观及其干部任用体制有极大关系。一些地方为了一届任期的经济增长,不顾及资源环境状况盲目开发,尽管可能本届任期内实现了高增长,却造成了潜在的生态环境损害其至不可逆的系统性破坏。建立生态环境损害责任终身追究制,就是要对那些不顾生态环境盲目决策、造成严重后果的领导干部,终身追究责任,不能把一个地方环境搞得一塌糊涂,然后拍拍屁股走人,官还照当,不负任何责任。要探索编制自然资源资产负债表,对一个地区的水资源、环境状况、林地、开发强度等进行综合评价,在领导干部离任时,对自然资源进行审计,若经济发展很快,但生态环境损害很大,就要对领导干部进行责任追究。

实行损害赔偿制度。这是针对企业和个人违反法律法规、造成生态环境严重破坏而实行的制度。在国土空间开发和经济发展中不可避免会出现违反法律规定、违背空间规划、违反污染物排放许可和总量控制的行为。对这些破坏性的行为，要严惩重罚，加大违法违规成本，使之不敢违法违规。我国有关法律法规中对造成生态环境损害的处罚数额太少，远远无法弥补生态环境损害程度和治理成本，更难以弥补对人民群众健康造成的长期危害。要对造成生态环境损害的责任者严格实行赔偿制度，让违法者掏出足额的真金白银，对造成严重后果的，要依法追究刑事责任。

生态文明制度体系和环境法律，都被称为"史上最严"，但所谓"徒法不足以自行"。要让我国史上最严的法制真正"落地生根"，还需要我们克服当前管理制度和思想观念中的多道软肋，从以下几个方面做出更多的努力。

树立法制思维，变"人治"为"法治"。人治是我国几千年的封建统治留给我们的"遗产"，一直到今天人治都还很有市场。这么多年来，我国的环境治理之所以有法不依、执法不严，还是根深蒂固的人治思想在作祟。若非如此，即便环保法制再不完善，依照这不完善的法律去行事也不至于造成今天这样严重的污染局面。在人治思维下，权力得不到制约，环保法律法规可以被无视。一些领导干部法治意识淡薄，长官意志严重，习惯了以言代法、以权压法，导致了我们中国的老百姓普遍"信访不信法"。人治是法治的敌人，有人治思维存在，就必然会消解法治的权威。法治是治国理政的基本方式。依法治国意义重大，只有法治才能使一个国家长久健康的发展。敬畏法律，按法律办事，坚持法律面前人人平等，这是落实生态文明制度的思想基础所在，也是生态文明社会的应有之义。

改革现有管理体制。开展严格的执法监管，不仅仅是制度安排问题，也有管理体制问题。我们在逐步完善不适应生态文明制度、法律的一些管理体制。

史上最严新环保法，使环保部门打击环境污染罪行为有了"铁齿钢牙"。但由于环保体制上的一些深层次问题，我国环境保护管理制度需要不断调整、完善。实行垂直管理正是其中重要一环。目前我国的环保执法监察实行属地管理，地方环保部门接受上级环保部门和当地政府的双重领导。尽管地方环保部门在业务上听命于上级环保部门，但在预算和人事上受当地政府部门的控制。在这样的制度安排下，地方政府对环保的投入是全面平衡地方工作和各个职能部门的结果，很少考虑对企业进行环境监管。在一些经济落后地区，为了保经济，政府往往会干预环保执法。针对这种情况，党的十八届五中全会提出了一项环保体制的重大改革，"实行省以下环保机构监测监察垂直管理制度"，这意味着地方环保机构将摆脱地方保护的掣肘，为独立公正开展环境监管执法提供了制度保障。具体如何实现垂直管理，还有许多细化工作需要去落实。

建立以生态文明为核心思想的政绩考核制度也是体制改革中的重要一环。环境法制的最大阻力不是企业，而是地方政府和其官员的政绩意识。地方政府要靠企业获得经济增长的政绩，他们很容易为了 GDP 而纵容污染。社会上有句话说，污染是大家的，GDP 是我个人的。以 GDP 为核心的政绩考评制度一天不改革，官员们就不可能做到"保护优先"。这就要求地方政府的考核指标更多向生态环境倾斜，遏制当地领导的经济冲动。只有考核的指挥棒更多地指向生态环境，才能让地方政府敢于承担环保责任，向污染亮出环保法的"铁齿钢牙"。中组部已明确规定政绩考核不能以 GDP 论英雄。从 2014 年起，陕西省对地方党政领导班子和领导干部政绩考核指标作出重要调整,适当弱化了GDP指标权重,大幅增加了生态环保指标权重。各市超额完成GDP增长任务的不再加分,生态环保指标则由原来的12分增加到25分。陕西省已提前两年完成落后产能淘汰"十二五"目标任务,二氧化硫、化学需氧量提前达到2015年控制目标,其他两项主要污染物减排也取得明显进展。一些省市已经探索出了推行绿色政绩观的好的做法,都值得还没有迈步的地方借鉴。

链接阅读

环保法制的力量

一个国家环境好不好,很大程度上取决于法制得力不得力,生态好、环境好的国家无一不是环保法制健全、执行严格,而生态环境恶化的国家又无一不是法律缺失、执行乏力。以下介绍的这些发达国家的环境执法做法,可以给我们借鉴和启示。

日本在"二战"后致力于经济复苏,大力发展重化工产业,相继发生了多起震惊世界的环境公害事件。为根治污染,1970年,日本国会制定和修订的环境法律就有14部之多,包括公害纠纷处理法、公害健康被害补偿法、空气污染控制法、水质污染控制法、海洋污染控制法。对于公害纠纷处理制度,多数国家都以诉讼解决为原则,唯独日本设立了行政上的公害纠纷处理制度,拥有调解、仲裁和裁定环境纠纷的权力,具有程序简便、案件审结时间短、诉讼费用低的特点,大大节约了司法资源。而且,对公害纠纷行政处理不服的,可依法向法院起诉。日本这条经验是成功。此外,日本制定的环境犯罪特别法,是全球首个将环境污染入罪的国家,对环境犯罪起到了震慑作用。

德国是世界上环境法制最完备、最详细的国家。他们的环保意识也是用惨痛的教训换来的,与日本一样,"二战"后德国急于改变战后国家一片废墟的状况而全力发展经济,无暇顾及环境保护,致使全国河流、空气污染严重,莱茵河曾一度成了欧洲最大的下水道。从20世纪70年代起,联邦德国政府出台了污染防治法、自然保护法、环境管理法等环保法规。20世纪90年代后,又进行了大规模的环境法修订编纂。完善的环保法制,催生了德国有上百万人就业的环保产业,其环保产品年出口额居世界前列。隶属联邦内政部的环保警察,从化学毒素外泄到不卫生食品的销售、鱼类死亡以及垃圾箱冒烟等都在其管辖范围之内。一旦发现污染,哪怕是一条小溪泛起泡沫,环境警察都会前往取样检查。此外,德国还有上千个环保组织,人数在200万左右,自愿为环保事业尽心尽力。正因为有了几十年的环境法治和全民参与,德国才有了今天的环境改善。

可以说,环境法制是所有工业国家保护环境最有力的武器和手段,是最能解决问题的。

还有些工业国家和新兴经济体,从一开始就重视环境保护,主动立法,全民参与,实现了发展与环境的共生共赢。

奥地利是地处欧洲中心的绿色国度,73%的土地覆盖着森林和牧场,22%的土地为肥沃的农田,有总长10万公里的河流和小溪。虽然奥地利历经两次世界大战的破坏,但依然保持着优美的自然环境,这主要得益于环保立法、执法和全社会对美好生态的追求。早在1852年，奥地利就出台了《森林法》，不仅严禁侵占、破坏公园与绿化区树木，而且规定，凡砍伐国土范围内的任何树木都需申报、批准。至于罕见古树和有纪念意义的树木，则绝对禁止砍伐。占用林地的单位，都必须种植同等面积的树木。20世纪70年代后，国土资源维护、环境保护的法规更趋完善，陆续颁布了《水法》、《山地法》、《森林法》、《环境监督法》、《化学品法》、《垃圾经济法》、《环境促进法》等，这些法律都对环境保护和生态建设作出了具体规定，如各级政府依法鼓励造林，农户造林所需投资由国家补助60%、所在州补助30%，农户仅负担10%，林木收益全部归归农户所有。现在，奥地利人已把植树造林作为一种责任和义务，不仅为了美化环境，更将其看做造福子孙后代的百年大计。

新加坡是世界上有名的"花园城市"国家。早期的新加坡，其劳动密集型的制造业，对环境造成了相当程度的污染，这对一个人口密度高、环境容量有限的国度而言，则是致命的破坏。1965年独立后的第二年，新加坡就颁布了以维护市容为目的的《破坏法》，对破坏公共环境的行为规定了严厉的处罚措施。1968年颁布了《公共环境卫生法》，对噪声、游泳池、公共清洁、有毒工厂废物及一般垃圾收集控制等作了规定。1999年颁布了《环境污染控制法》。期间先后建立起来的两大系统——综合污染排放和主要由转运站、垃圾焚化厂及卫生填埋所构成的固体废物管理系统，发挥了重要作用。为保护环境，新加坡的执法是非常严格的。覆盖环境卫生管理的每一项法规，条文内容详尽具体，执法程序环环相扣，而且实行重犯累进的处罚方式。如对乱扔垃圾者，初犯时罚款200新元，重犯时罚劳役3～12小时；对非法丢弃建筑垃圾者，可最高处罚5万新元和12个月的监禁。1994年，美国少年费伊因涂鸦被作出处以鞭刑的判决，美国总统克林顿出面求情也没有改变新加坡法院的判罚。在执法过程中，新加坡设有良好的警察协同机制，环卫管理人员在执法时如遇到不配合者，可传呼警察来强制执行。有人戏说，新加坡是一个"Fine Country"（可译为"好的国家"，亦可译为"罚款国家"），其清洁、卫生的环境，可以说是罚出来的、管出来的。

加拿大是世界闻名的"枫叶"之国，经济发达，自然环境优美，在1997年联合国教科文组织公布的全球最宜人类居住的20个城市中，加拿大就有5个城市位列其中。追溯历史，加拿大也曾经有过高速工业化，但因有严格的环境法治，所产生的污染较少。早在18世纪，加拿大就通过立法，明确规定了保护民众生活环境和国土生态景观的相关条款。19世纪后，加拿大建立专门环保机构，立法规定凡在地上建造设施或其他建设的，都必须依照"环境评估和对策"要求先行一步。加拿大也是世界上最早提出水质标准与规划的国家之一，制定了较高的废水排放标准。违反规定者，除缴纳罚款外，没收全部所得，并判令违法者参加社会劳动，支付违规判罚的调查费用。正是有严密的污染排放标准和严厉的处罚措施，加拿大杜绝了污染未加处理直接排入江河的违法现象，更鲜有水污染的事故，江河湖泊清澈如镜，所有城市的自来水，拧开水龙头即可直接饮用。

澳大利亚历来重视生态、环保的立法和执法工作，是世界上最早实行环境法治的国家之一。在联邦层次，环境保护立法达50多部。有综合立法，如《环境保护和生物多样性保持法》，也有专项立法，如《大堡礁海洋公园法》，还有20多个行政法规，如《清洁空气法规》、《辐射控制法规》等。在州的层次上，各州涉及生态环境保护的法律法规达百余个。维多利亚州的《环保收费法规》，条款有百余项，从收费的种类、标准、单位、计算公式到最大排污允许量、交费流程、费用减免等，都规定得十分详细。仅垃圾填埋就按照废物种类和数量列出了16个层次的收费标准，每个层次收取若干个"费单位"。"费单位"的个数，由垃圾填埋处理成本确定。每个"费单位"的具体金额，由当年物价水平确定。这样的规定有很强的可操作性，避免了执法的随意性。在澳大利亚，不论个人、企业还是政府机构，只要违反了环保法律法规，都要受到严肃查处。如在著名的大堡礁绿岛公园，游客不许带走任何自然物体，包括贝壳，违者处以高额罚款。在昆士兰州北部地区，有两个人曾因砍伐20多棵树而被判十多年徒刑。健全的法律和严格的执法，使澳大利亚的环境保护取得了良好的效果。澳大利亚大陆环境清新优美，也是最宜人类居住的区域之一。

用好科学技术这把"双刃剑"

按《辞海》解释,科学是指运用范畴、定理、定律等思维形式反映现实世界各种现象的本质和规律的知识体系;技术则泛指根据生产实践经验和自然科学原理而发展成的各种工艺操作方法与技能。科学与技术是辩证统一的整体,科学中有技术,技术中有科学,科学是技术的来源,技术是科学在实践中的应用。我们常常用科学技术这个概念,来指代所有推动社会进步的人类智力成果的总和。

科技是人类文明的原动力。人类社会从原始文明到农业文明再到工业文明的转变、演进,科学技术在其中起到了决定性的作用。科技延伸了我们的眼睛、脚步、嘴巴、耳朵的功能,把地球变成了一个村落。科技是我们改造自然、创造财富的最强有力的工具和手段,给我们带来了丰富的物质和舒适的生活。但科技是把锋利的"双刃剑",今天威胁人类生存发展的生态危机和种种生态灾害,几乎无一不与技术的飞速发展有关。就像蒸汽机的每一次改进,让人类获得更大动力的同时,也更加速了地球资源的耗竭。工业技术每天都为我们创造着源源不断的各类产品,也不断地向我们的生存环境中排放着废气、污水和废物。随着化学工业的技术进步,每天都有新的化学物质被合成出来,而对这些新物质产生的危害我们却还没有找到有效的防治方法。

科技是福还是祸？最能体现科技福祸相依的典型案例莫过于核电和滴滴涕。

农药滴滴涕是由欧特马·勤德勒于1984年首次合成，1939年被米勒开发出来。该产品几乎对所有昆虫的杀灭都非常有效。第二次世界大战期间，滴滴涕得到了广泛使用，在疟疾、痢疾等疾病的治疗方面也大显神威。不但带来了农作物的增产，而且救治了许多生命，于是，滴滴涕一时身价跃升，米勒先生也因此获得了科学界的最高荣誉——诺贝尔奖。

但是1962年，蕾切尔·卡逊发表了著名的《寂静的春天》，指出滴滴涕进入食物链，可能是导致一些食肉和食鱼的鸟类接近灭绝的主要原因。同时代的科学研究也证明，滴滴涕在环境中非常难解，并可在动物脂肪内蓄积，甚至在南极企鹅的血液中也检出了滴滴涕。鸟类体内含滴滴涕会导致产软壳蛋而不能孵化，这使美国的食肉鸟白头海雕几乎因此而灭绝。自20世纪70年代起，滴滴涕逐渐被世界各国明令禁止生产和使用。短短30年时间，滴滴涕从"天使"骤然变为"魔鬼"。由滴滴涕引发的人们对环境破坏的思考，被认为是人类环境意识觉醒的标志。

核电是利用核裂变能来发电的一项技术，核电的燃料是重金属铀。因为核电稳定、高效，且不产生二氧化碳等温室气体，半个多世纪来受到了各国的青睐，一度被认为是能替代化石能源的最佳方案。但从1957年至今，全球发生了16起有公开记载核事故，其破坏性让人们不得不重新审视对核能的利用。

核电事故中最严重的是发生在苏联的切尔诺贝利核电站爆炸和日本福岛的第一核电站爆炸事故。

切尔诺贝利核电站位于乌克兰北部的切尔诺贝利，这里风景优美，森林茂密，人口众多。苏联1973年开始在这里修建核电站，于1977年后正式启动。1986年4月26日凌晨1时许，随着一声震天动地的巨响，烈焰滚滚，火光四起，核电站4号核反应堆发生爆炸，当场死亡2人，8吨多强辐射物质混合着炙热的石墨残片和核燃料喷涌而出，释放出大约2.6亿居里的辐射量，大约是日本广岛原子弹爆炸能量的200多倍。当天，一些放射性物质就随风向西扩散到了波兰。第三天，放射性尘埃扩散到苏联西部的大片地区，并开始威胁西欧。第四天，斯堪的纳维亚半岛和德国受到影响。十天后，放射性尘埃落到了欧洲大部分地区。

这次爆炸造成的20多万平方公里的土地遭受严重污染，污染区27万人因核泄漏患上癌症。核电站周围30公里范围被划为隔离区，庄稼被全部掩埋，周围7公里内的树木都逐渐死亡。在日后长达半个世纪的时间里，10公里范围以内将不能耕作、放牧；10年内100公里范围内被禁止生产牛奶。

日本福岛核电站是世界上最大的核电站，由福岛一站、福岛二站组成，共10台机组。2011年3月13日，受大地震及其引发的海啸影响，福岛一站连遭重创，机组发生连续爆炸，大量辐射物质泄漏，事故程度达到最高的7级。尽管日方采取了一些措施来缓解事故影响，但由于设计缺陷、处置不当等多种因素，还是造成了自苏联切尔诺贝利事故以来最大规模的核泄漏，并引起日本本国及其周边国家民众的恐慌。据日本政府和东京电力公司的核事故处理日程，福岛一站燃料回收作业需要20～25年，核设施解体需要30～40年，投入至少3万人从事清除核污染工作，需要1万亿日元的资金。这次事故迫使核电站方圆20公里内约9万居民离开家园。

核泄漏事故导致世界各地反核抗议不断，世界核电发展趋缓，关于核电存废的争议进一步加剧。奥地利等本来就反对核电的国家更坚定了反核主张，德国、瑞士等已拥有核电的国家宣布"弃核"计划，印度、巴西等发展中国家也决定暂缓原定的核电建设计划。中国在暂停审批核电项目的同时，组织了一次核设施安全性大检查，并修订了《国家核应急预案》，表现出了谨慎推进核电发展的态度。

核电和滴滴涕事件，让人们看到了科学技术确实是一把寒光闪闪的"双刃剑"，用它的同时如何不伤及自身，是现代科研工作应当破解的一个重大问题。

正如伟大的科学家爱因斯坦曾断言的："科学是一种强有力的工具和手段，具有双面性。究竟是给人类带来幸福还是灾难，全取决于人自己，而不取决于工具。刀子在人类生活上是有用的，但它也能用来杀人。"发挥科学技术的正效应就可以造福人类，发挥它的负效应则会带来灾难。

今天我们要破除生态危机，实现可持续发展还必须依仗科学技术的力量。科学技术在我们向生态文明转变的过程中依然担负着特殊使命。治理大气、水、土壤污染，预防灾害，节能减排，开发新能源，都要依靠科学技术而不是其他附加的东西。

要让科学技术发挥正效应，就要求科学技术的研发者和使用者，要牢固树立造福人类的思想，明确应该做什么不应该做什么，兴利除弊，把主攻方向用在有利于人类发展与环境的双赢上来，有利于绿色发展上来。这就要求我们大力发展绿色科技，趋利避害，体现科学技术的生态价值。

绿色科技是指技术、产品和服务在为人类带来更大利益的同时，降低对自然环境的影响，并最大程度上有效地、可持续地利用能源和自然资源。绿色科技首先要求各门科学技术的发展以及各种科学技术活动均要符合生态化的方向。科技工作者要树立生态价值观，并在科研活动中恪守这一信念。也就是说，在发展农业、牧业、冶金、建筑、化工、交通、制造等行业的科学技术时，既要看到其经济价值，又要看到其生态效果，竭力排除有经济价值却无生态学意义的科技成果在各行业中的滥用。

概括来讲，绿色科技在生态文明建设中有三大主功方向：一是保护生态环境的科技，发展这类科技的目的是抑制和减少其危害，如治沙技术、防治病虫害技术、污水处理技术、垃圾无害化处理技术、医疗技术等。二是充分利用资源和优化生态环境的技术，如稀有资源替代技术、海水变淡水技术、高效节能技术、新材料新能源研制开发技术、资源循环利用技术、清洁生产技术、小流域生态治理技术等。三是生物科技。生物科技是人们利用微生物、动植物体对物质原料进行加工，以提供产品来为社会服务的技术。生物科技已成为21世纪科技的重点学科并得到世界各国的关注。目前，生物高科技已在农业、环保、材料、能源和制药业等领域得到广泛发展。

让科技绿色化、生态化，这是生态文明时代的需要，也是科技正效应的真正体现。

能源转型进行时

一、什么是可再生能源

不可再生能源终有一天会耗尽,所以最大限度地使用可再生能源的意义重大。更重要的是,全球气候的变化不允许我们再大规模燃烧化石能源。所以,我们需要开发新的可再生能源。令人欣慰的是,越来越多的国家和企业正朝着正确的方向前进,我们正在不断努力发展新的可替代能源来抑制全球变暖,使我们的生产和生活得以可持续。

新能源在国外的标准术语是:可再生能源,Renewable Energy。可再生能源是相对不可再生能源而言的,它本身不会因使用而减少,或者是使用后可以再恢复的。新能源又称非常规能源,指传统能源之外的各种能源形式。一般地说,常规能源是指技术上比较成熟且已被大规模利用的能源,而新能源通常是指尚未大规模利用、正在积极研究开发的能源。因此,煤、石油、天然气以及大中型水电都被看做常规能源,而把太阳能、风能、现代生物质能、地热能、核能、氢能等作为新能源。随着技术的进步和可持续观念的树立,过去一直被视作垃圾的工业与生活有机废弃物被重新认识,作为一种能源资源化利用的物质而受到深入的研究和开发利用,因此,废弃物的资源化利用也可看做是新能源。

目前人类开发并广泛使用的新能源主要有以下几种。

太阳能 阳光灿烂的一天里,到达地面的太阳能每平方米

工作中的太阳能电池板

大约1000瓦特,而太阳能电池板可以收集这些能量将其转化为家庭和办公室的用电。

风能 如果没有风能,我们的先辈就不可能在大平原上定居,是风车不停歇地转动着把水从地下抽上来以供定居者做饭、洗漱、喂养牲畜。今天,我们在风力强劲的开阔地带和海面上建起风力发电场,利用随时会有的风来发电。风能可再生、无污染、能量大、用之不竭,前景广阔。

在白天我们总能看到太阳光,风也经常吹着,这两个现象都能够用来生产其他形式的能量。为了能够在夜晚与没有风吹的时候继续使用这类能量,我们就需要利用能量储存和反哺技术。正因为如此,太阳能和风能被称为"间歇性"可再生能源,它们必须借助技术才能实现全天候供电。

| 生态文明启示录 | SHENGTAI WENMING QISHILU |
| 危机中的嬗变 | WEIJIZHONG DE SHANBIAN |

伫立在海面上的风能发电机

内蒙古高原上的风力发电装置　李洲　摄

地热能　储藏在地下的热能也能够产生电能。目前，地热能发电站就是通过这一途径发电的。地热能发电站建在有高温地下水的地面附近。2015年，中国风电已超核电成为第三大主力电源。

地热能发电站

生物质能　生物质是指通过光合作用而形成的各种有机体，包括所有的动植物和微生物。我们用来产生能源的生物质是指农林业生产过程中除粮食、果实以外的秸秆、树木等木质纤维素（简称木质素）、农产品加工业下脚料、农林废弃物及畜牧业生产过程中的禽畜粪便和废弃物等物质，它们经过发酵后可用于生产燃料。生物质能源可以以沼气、压缩成型固体燃料、气化生产燃气、气化发电、生产燃料酒精、热裂解生产生物柴油等形式存在，应用在国民经济的各个领域。

核能　核能一度被认为是新的清洁能源，但在世界的反核中放缓了发展脚步，这两年，随着人们从核电事故中由恐惧回归理性，支持重启核电的声音多了起来，支持的声音中也包括用电紧张的部分日本民众。支持者认为，比之日本福岛采用的第一代技术，现在的第三代核电技术已经相当完善，安全性已经远远超出第一代。而且，火电容易对环境造成污染，水电受地域限制已趋于饱和，风力、太阳能等发电量较小，相比较而言，核电仍然是清洁高效的。

开发可再生能源属于技术成本较高的领域，需要大量的资金投入和国家补贴。因此从目前看，使用可再生能源的主要问题是成本高，而使用不可再生能源则便宜得多。然而，随着可再生能源生产量的增多，它的成本总会降低的。

二、开发新能源世界各国在行动

欧盟是世界上可再生能源发展最为迅速的地区。欧盟国家连续10年可再生能源发电的年增长速度都在15%以上。目前欧盟能源的进口依存度达50%。随着经济不断发展，这一数字将不断增加，欧盟能源安全令人担忧。为此，欧盟制定了相关策略，积极开发可再生能源。欧盟1997年颁布可再生能源发展白皮书，提出到2050年，可再生能源在整个欧盟国家的能源构成中要达到50%。白皮书中提到的计划包括欧盟内部的市场手段，进一步鼓励可再生能源利用的政策，以及各国在可再生能源领域中的投资及信息共享，对此欧盟各国纷纷采取对应措施来响应。

以德国为例，德国在2004年、2008年曾两次修订《可再生能源法》，明确提出要在考虑规模效应、技术进步等因素的影响后，逐年减少对可再生能源新建项目的上网电价补贴，提高可再生能源市场竞争能力。2012年1月1日，德国再次修改《可再生能源法》，提出到2020年，35%以上的电力消费必须来自可再生能源，到2030年50%以上、2050年80%以上的电力消费必须来自可再生能源。有数据显示，2012年德国可再生能源行业投资总额达到266亿欧元。截至2011年年底，德国在可再生能源行业就业的人数也达到创纪录的38.2万人，比上一年度增加4%。目前德国是全球最大的太阳光电市场。

生物质能在新能源发展中的地位越来越重要。生物燃料替代石油的使用，固态生物质废弃物经转换后应用于火力发电，这是很容易接受的替代能源方式。同时，生物质精炼在未来将替代原油，成为化学材料的基础。目前全球生物质精炼技术掌握较好的是美国，但欧盟有后来居上的势头。荷兰的BioMCN公司建立了一座全球最大的生物质甲醇工厂，可年生产甲醇2.5亿公斤。该公司利用化工厂、食品厂生产过程中的有机废弃物提炼甘油作为原料，制造生物质甲醇。依据欧盟规定的到2020年燃料中10%来自可再生能源的要求，公司可满足荷兰境内的生物燃料添加需求。丹麦的Inbicon公司是全球最大的木质纤维乙醇工厂，该公司利用麦秆、玉米秆、蔗渣甚至草作为原料，每年生产140万加仑纤维素乙醇。这家公司与丹麦最大的发电厂Asnaes整合，发电的余热可使乙醇厂的整体能源效率提升至71%，而乙醇生产中产生的废料，则被制成固体燃料，再供给Asnaes电厂发电。

在瑞典，沼气成为这个国家节约能源和替代能源的基本国策。沼气被应用于列车、城市公共交通和私人汽车、出租车。有的城市还把垃圾收集和公共交通系统联结起来，以便更好地使用沼气。

芬兰被誉为全球最环保的国家。如今，芬兰已经建立起了配套完善的生物能源产业链，全国约有400个大中型能源工厂使用生物燃料发电供热，可再生能源已经占芬兰整体能源的25%，是欧盟可再生能源利用率最高的国家之一。

位于北欧的冰岛利用全国800多处地热,用于发电和房屋取暖、温室种植。

挪威、法国、意大利等国家,都是开发利用新能源的佼佼者。

因此,从某种程度上说,欧盟发展新能源产业的有效模式正在成为全球典范。

美国新能源利用已全面铺开。美国是全球核电装机容量最多的国家,其中20%的电能来自核能,70%的清洁电能也来自核能。自从1979年三里岛核事故后,美国的核能发展一直停滞不前。近年来,太阳能、风能、生物质能、地热能、海洋能等的开发日益得到重视和发展。

日本作为人口密度较大、资源紧张的国家,可再生能源的利用也是其经济发展的重要方向。从20世纪70年代起,由政府主导大力推进新能源产业,对包括太阳能、风能在内的新能源产业进行重点扶持。政府每年拨款362亿日元用于新能源技术开发。日本新能源利用主要包括太阳能发电、太阳热利用、风力发电、生物质能源、废弃物热、地热发电、天然气混合循环发电、温度差能源、冰雪热等形式。日本政府曾在2012年8月公布了实现可再生能源飞跃发展的新战略,目标是到2030年使海上风力、地热、生物质、海洋等四个领域的发电能力扩大到2010年度的6倍以上。

三、中国能源转型后来居上

对中国这个人口最多、资源短缺的国家来说,我国的许多经济困境都来自于能源,能源转型的要求和愿望更为迫切。近年来,中国在新能源开发利用领域发展迅猛,取得了显著成绩。2012年,中国成为世界第一风电大国。据全球风能理事会发布的 2015 全球风电装机统计数据，2015 年，全球风电产业新增装机 63013 兆瓦，同比增长 22%。其中，中国风电新增装机容量达 30500 兆瓦，排名第一。截至 2015 年年底，全球风电累计装机容量达到 432419 兆瓦。由于在年新增装机市场的卓越表现，中国累计装机容量超越欧盟的 141.6 吉瓦达到 145.1 吉瓦。

2015 年全球风电累计装机容量

国别	新增装机容量 /MW	占全球市场份额 /%
中国	145104	33.6
美国	74471	17.2
德国	44947	10.4
印度	25088	5.8
西班牙	23025	5.3
英国	13603	3.1
加拿大	11200	2.6
法国	10358	2.4
意大利	8958	2.1
巴西	8715	2.0
全球其他	66951	15.5
全球前十位	365468	84.5
全球总计	432419	100.0

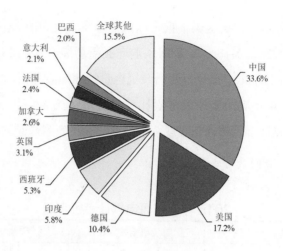

2015年各国风电累计装机容量占比

风力发电已成为我国最具经济竞争力的新能源。经过十多年与北欧公司的合资与合作开发，我国2005年建立了风电行业。此后得到了快速发展，合适的政府鼓励政策起到了关键性作用。我国拥有漫长的海岸线和广阔的陆地，因此拥有丰富的风能资源。一些科学家估计，陆地和海上风力发电的总容量可高达25吉瓦。

我国太阳能发电的发展也极为迅速。目前，太阳能产业在我国拥有80万名员工，截至2012年年底，我国已经成为世界上最大的光伏电池生产商。不久前，美国发布报告显示，中国已成为全球最大的太阳能发电市场，中国通过太阳能发电获取的新能源发电量占全球总量的1/4。据了解，中国太阳能发电装机量在2015年达到15吉瓦，已超越德国成为全球太阳能装机量最高的国家。国际评论认为，我国的太阳能利用产业和相应的产业链为世界其他国家树立了良好榜样。

我国利用太阳能的方式主要分为太阳能光热转换和光电转换两大种类，例如，太阳热水器、太阳灶、太阳房、太阳能干燥、太阳能温室、太阳能制冷与空调、太阳能发电及光伏发电系统等。其中在光电转换方面,成绩显著。近几年,在国际光伏市场巨大潜力的推动下,中国光伏产业飞速发展,虽然遭受了美国和欧洲的反垄断制裁,但中国光伏行业在政策支持加强、市场不断启动的情况下逐步走出低谷,2015年更是加速回暖。

目前,在政策和技术的导向下,我国初步形成了以环渤海区域、长三角区域等为核心的东部沿海新能源产业聚焦区;在中西部的一些区域,如江西、河南、四川、内蒙古、新疆等省区,新能源产业发展态势良好,形成了中西部新能源产业聚焦区。

这场以高新技术主导的新能源革命,正逐渐优化我国的能源结构。据国家统计局发布的《2015年国民经济和社会发展统计公报》,2015年,我国全年煤炭消费量占能源消费总量的比重为64.0%,比上年下降1.6个百分点;水电、风电、核电、天然气等清洁能源消费量占能源消费总量的比重为17.9%,提高0.9个百分点。

以减煤为核心的能源结构调整成为我国绿色发展的目标之一。根据国家发改委发布的《国家应对气候变化规划(2014—2020年)》,到2020年,控制温室气体排放行动目标要全面完成。要求单位国内生产总值二氧化碳排放要比2005年下降40%至45%,非化石能源占一次能源消费的比重要达到约15%。

可再生能源的时代已经开始,它将改变化石能源一家独大的格局。虽然已有的新能源科技还有很多不成熟,虽然一些绿色产品因消费者观念问题而市场受限,但这些都是前进中可以解决的问题,可再生能源为世界带来的变化正在许多地方悄然发生。

 链接阅读

新中国的能源史

[选编自美国伍德罗·克罗克和格兰特·库克所著《绿色工业革命》]

1949年10月1日,毛泽东宣布了中华人民共和国的成立。中国共产党制定了自力更生、平等互利的原则。这些基本原则发展成为中国现代经济和政治结构的基础。

1959年,在中国东北的松辽盆地中发现了大量石油储量。第二年即1960年,在黑龙江省,大庆油田被发现。这两个发现使中国进入了石油工业时代。第一个钻井机来自俄罗斯,但中国迅速开始生产自己的钻井设备。

随着石油和石油工业的发展,中国从欧洲和日本进口炼油设备和化工厂的设备。阿拉伯石油禁运对日本是个严重的打击,而中国由于石油工业产量的增加,开始向日本出口石油。然而,因为各种经济、政治和国家建设问题处于优先地位,石油工业发展较慢。

20世纪70年代末,我国改革开放政策打开了中国经济发展的大门。改革开放政策放松了阻碍石油工业现代化进程的政治和经济束缚。外资参与的合法化促进了与海外供应商之间金融、技术和经济关系的快速发展。中国叩开了国际市场,为石油工业发展提供资本。

20世纪90年代,中国在石油工业的国际化进程中越来越多地采用了外国商业惯例和标准。由于中国是石油净

出口国，且因为对资金、技术和与世界其他地区进行贸易的要求，石油行业开始进行改革。获取外国的技术导致中国与外国实体之间建立了伙伴关系。逐渐地，控制石油化工行业的国有企业接受了外国的影响和投资。

中国的石油化工公司一直是国有企业。由国家总理直接领导的国务院决定整体工业战略、重大投资、进口配额和批准大型项目。国家计委负责国家的经济计划，设置生产和税收目标。

在80年代中期，国务院想要减少关键资源领域的竞争，更直接地与石油行业一起工作。其结果是中石化或中国石化公司成为中国石油行业最具主导地位的企业，远远大于其他企业。中石化控制着所有石油产品的生产和精炼，并直接向国务院和国家计委汇报。中国还有两个主要国有公司——中国海洋石油总公司和中国石油天然气集团公司，前者勘测和控制海上钻井，后者生产中国本地97%的原油。

截至20世纪90年代中期，中国出口百余种不同的化工产品，其中包括原油，原油出口量从1973年的约700万吨上升到20世纪80年代中期的2000万吨。这些油大多数被运往了日本。然而到20世纪90年代中期，因为中国日益增长的工业化和发展，进出口的形势逆转了。由于内部需求增长和国内供应下降，中国不得不进口比以前出口多得多的石油。

中国最早是从马来西亚及印度尼西亚等东南亚邻国进口石油，但中国日益增长的需求已迫使从国际市场大量获取石油。2010年，中国进口了2亿多吨石油，到2012年成为世界上仅次于美国的第二大石油进口国。截至2015年，中国首次超过美国，成为全球最大的原油进口国。

现在中国的石油需求超过其国内的生产能力。中国对外国石油的依赖，使中国易受到国际石油市场波动的影响，对国际石油冲突更敏感。为了应对这些变化，中国已经和正在投资有丰富石油的外国土地，同时创建内部的石油储备以备不时之需。本地石油生产只能满足中国2/3的石油需求，据估计，到2020年中国将需要6亿吨原油。

作为世界上人口最多、同时经济快速增长的国家，中国的能源需求是巨大的。它已从20世纪90年代的石油净出口国转而成为世界最大的石油进口国。

近年来，中国的天然气使用量也在迅速增加。中国一直在增加天然气管道和液态天然气的进口量，并且持续在世界各地购买和投资能源生产公司。

中国作为世界上最大的煤炭生产和消耗国，在世界能源市场占据重要地位。但是，它同时又产生了大量的水污染以及由钻探、运输和燃烧煤炭产生的排放污染。不过，中国已经决定降低对化石燃料的依赖。

与美国不同的是，中国已经取消了大部分对化石燃料生产和使用的补贴。到2035年，中国计划通过提高效率将煤炭的使用减少到62%，到2020年，碳排放与2005年相比至少减少40%。中国在专注于从绿色工业革命中获益的同时，也计划将非化石燃料在能源结构中的消费比例增加到15%。

能源需求将对中国已经蓬勃发展的太阳能和风力发电

行业产生巨大的影响。在政府经济政策的激励下，商业快速发展，绿色产业就业增加，中国成为了世界上最大的太阳能电池板制造商。中国通过将绿色工业革命应用于工业及其他产业的扩张，如高速列车、磁悬浮列车、地铁、住房、可再生能源系统、供暖制冷发电系统等产业的绿色环保制造，向世界展示了绿色工业革命如何有效刺激经济发展。

中国已经做好准备去领导先进的电池技术，以及高速铁路、混合动力汽车、电动汽车、核能和煤使用的先进技术。

请"低配"你的生活

我们每个人都是地球的消费者。一方面，我们消费的一切资源来自大自然，另一方面，我们消费之后的废弃物又排放到大自然。可以说，我们每天的消费都脱离不了碳排放，我们的生活方式与气候变化息息相关。

我们每天向大气排放出多少二氧化碳，在什么过程中排放的？在倡导低碳发展的今天，不只是企业需要思考这个问题，每个地球消费者都应该思考。

我们可以算算自己每天的"碳足迹"，假设您去参加一个会议，以所乘坐的交通工具来算算看：

如果您乘飞机200公里以内短途旅行：二氧化碳排放量（kg）

=飞行公里数×0.275；200～1000公里中途旅行：二氧化碳排放量（kg）=55+0.105×（飞行公里数-200）；1000公里以上长途旅行：二氧化碳排放量（kg）=飞行公里数×0.139。也就是说，如果你乘飞机旅行2000公里，那么你就排放了278千克的二氧化碳，为此你需要种植三棵树才能抵消。同样地，如果你用了100千瓦时电，那等于你排放了大约78.5千克二氧化碳，需要种一棵树来抵消。

各种交通工具的碳排放是不同的。公共汽车每百公里的人均能耗是小汽车的8.4%，电车大约是小汽车的3.4%，而地铁则大约是小汽车的5%。在二氧化碳排放方面，汽车每耗1升汽油排碳2.34千克，飞机每公里碳排放量为0.18千克，而公交车、长途大巴、火车每公里二氧化碳排放量则为0.062千克。

只要将消费方式、公里数相对应，您就会知道自己排放了多少二氧化碳，同时知道这些排放量需要几棵树才能抵消。

减少碳排放的多与少其实是由我们每个人来决定的。"倡导低碳消费，保护生态环境"不是高悬的口号，它离我们很近很近。

今天全球的资源枯竭、环境恶化、生态失衡，归根到底源于我们人类的过度消费和不必要的资源能源消耗。我们是时候做出改变了。

几十年来，人类的过度消费之风从工业文明发达国家刮到发展中国家，成为温室气体排放量不断攀升的主要推手。

发达国家巨大的物质财富积累，使人追求奢侈享受的欲望成为可能。据美国民间自然保护组织西艾拉俱乐部的数据显示，1个美国人平均购买的商品数量是中国人的53倍，1个美国人的能量消耗等于35个印度人。发达国家的汽车千人保有量是发展中国家的5～10倍，飞机拥有量更是发展中国家的百倍千倍之多。

欧美发达国家的奢华浪费也体现在家居生活的每一处。德国人用热水洗衣服,美国绝大多数家庭用电烘干机烘干衣物。北美家用电器制造商协会的统计表明,美国有8800万台烘干机,平均每台每年耗电1079千瓦时,这基本上相当于一个普通中国家庭一年的用电量。美国哈佛大学专家肯尼亚·罗格夫尖锐地批评道:"美国的消费者消耗地球上的一切,帮助美国鲸吞世界石油产量的近30%,却从不储蓄。"

在英国,仅衣服每年就要扔掉200万吨。而这些衣服从制作到抛弃过程中排放的二氧化碳超过了300万吨。如果折算到一件重200克的全棉T恤上,那么制作它需要50千克工业水、2000升农业用水、4平方米的土地、5千瓦时的电、4千克的蒸汽和0.4千克的化学品。

欧美发达国家带了个坏头,而发展中国家可谓后来居上,先富起来的群体刮起了炫耀性的非理性消费之风,这种风气在我国也处处可见,而且来势迅猛。以奢为贵、挥霍浪费已成为一些社会阶层的风尚。短短几年时间,中国已成为全球奢侈品消费量最大的国家。一个热衷于奢华的富翁,其在住房、汽车、飞机、日常生活等方面的消耗,超过几十人甚至几百人、几千人。我国的千万富翁们,一人拥有好几辆豪车已是司空见惯。主张尽情消费、追求财富、沉溺物欲的消费主义将人生价值的大小等同于消费的多寡。

美国学者Anthony N.Penna在《人类的足迹》一书中不无担忧地表示:"如果进行比较,一个美国、西欧和日本公民的资源消耗量是发展中国家十几个公民资源消耗量的32倍。随着发展中国家这十几个人变得更为富有,他们的消费增加并模仿富有国家消费者的行为,这时他们对环境的长期影响将会是巨大的。他们对环境的威胁变得和发达国家一样。"

奢侈消费造福了谁？有人认为，过度消费、奢侈消费能够刺激与推动经济发展。这个说法恐怕得打个问号。我国的奢侈品消费增长速度近年来高于国内生产总值增长3倍。据国家旅游局的数据，2010年中国出境旅游人数5400万人次，旅游花费480亿美元，同比增长14%，人次支出约5800元人民币，是国内人次支出的11倍。据世界奢侈品协会2010年6月在北京发布的数据，在欧洲市场中国人购买奢侈品累计约500亿美元，而同期在国内仅为107亿美元。可见，中国富人的奢华消费倒是拉动了境外经济，对国内经济发展很难说有什么积极作用。

奢侈过度消费，除了少数人过多占用大多数人的自然资源外，那就是加剧了越来越重的资源、环境压力。社会上一部分人一掷千金、挥霍无度，而另一部分人却贫困交加，只求温饱，这巨大的消费反差必然引发人们心态失衡，导致社会矛盾。

"一粥一饭，当思来之不易；半丝半缕，恒念物力维艰"。节约就是增长，节约就是发展。在今天，低碳消费还体现着"人人为我，我为人人"的伦理道德。这个"人人"不仅包括当代人也包括我们的后代人。北宋思想家、政治家范仲淹在《书扇示门人》一诗中这样写道："一派青山景色幽，前人田地后人收；后人收得休欢喜，还有收人在后头。"他借耕耘与收获这一劳动过程在一代代人之间的传承，生动地表达了古人的代际公平思想：我们现在所享有的自然环境并不仅仅属于我们，它是我们从父辈那里继承来的，总有一天，我们还要将它传给我们的下一代。给后人留下一个好的生存环境，是我们当代人肩上的责任、心中的道德。

可以说，低碳消费、绿色消费体现着我们这一代人的代际公平思想。

同济大学经济与管理学院教授、管理学博士储大建认为,消费问题正在代替生产问题,成为我国生态文明研究中的一个重要问题。消费问题带来了三个效应。其一是反弹效应,过去30年中国发展的物质强度和污染强度在持续降低,但是物质总量消耗却在持续上升,这用绿色生产无法进行解释,原因在于非绿色的消费在增长,抵消了生产效率的改进。如果不注意强调绿色消费,未来十几年中资源环境问题的诱因会从中国制造侧转移到中国消费侧;其二是下游效应,终端绿色消费提高的资源生产率可以超过绿色生产好多倍,所谓下游的消费物耗减少一分,可以减少上游的生产物耗十分、百分甚至更多;其三是行为效应,一般来说,消费行为主要是社会心理问题,需要把技术发展与社会发展整合起来进行更加精细的研究。

低碳消费是一种更自然、更环保的生活方式,更是一种健康的、文明的生活态度。它需要我们在生活的点点滴滴中尽量做到低污染、无破坏,从追求所有到追求所用。有专家曾经做过这样的计算:如果全国所有的私家车都停驶一天,那么,将直接减少汽油消耗4万吨,相当于节约2.5亿元;减少尾气排放14万吨,相当于增加500亩森林。尽量选择步行或乘坐公交的低碳出行,商场购物不使用塑料袋,不使用一性次产品,选择无污染或少污染的绿色产品,不浪费,不过度消费……只要你愿意主动去约束自己,从点滴做起,保持纯净心境,提升精神品位,同样能过上舒适的"低碳生活"。

正如网友的段子所说:一部高档手机,70%的功能都是没有用的;一款高档轿车,70%的速度都是多余的;一栋豪华别墅,70%的空间都是闲置的。环视一下自己,你那"高配"的生活里,有多少资源被闲置、浪费?"低配"一点,也许我们会生活得更轻松些更安然自得些。

低碳生活并不意味着要刻意降低生活水准、刻意放弃一些生活享受，它是一种自然而然地"我为人人，人人为我"的生活习惯。

今天，随着科技的进步，许多低耗环保的新型材料也一一亮相，完全采用自然采光的大型建筑、生态住房、太阳能照明、智能家居，让我们对未来中国的低碳生活充满了向往。

生态文明建设离不开强大的文化信仰作为支撑。什么是文化？文化就在你我他尊重自然、关爱他人、爱护环境、维护公平的道德行为中。"低配"的生活，让我们有所放弃，更有所得。

共同的责任

2012年年底在卡塔尔多哈举行的联合国气候大会上，面对各方代表你来我往的较量，会议主席塔伊布在总结发言时讲了一个故事：从前有4个兄弟，分别叫"每个人"、"某些人"、"任何人"和"没有人"。当有一项重要事情需要完成时，"每个人"都确信"某些人"会去做"任何人"都会做的一些事，但事实上"没有人"去做，自然做不成。于是，"某些人"很生气，认为这是"每个人"的工作，而"每个人"觉得"任何人"可以做到，但"没有人"意识到"每个人"都不会做到。

我们建设生态文明社会也一样道理，不是哪一部分人的责任，也不能单指望哪一部分人，要靠政府主导、企业担责、公众参与，要靠全社会的共同合力。

一、政府是生态文明建设的主导性力量

政府主导是由政府自身的特性和我国的国情决定的。与西方生态文明建设的路径不同，我国的生态文明建设是一种自上而下的推进模式。在我国，人民群众比较"认"政府，一遇事情首先想到的是政府，一件事情无论大小，没有政府出来"掌舵"，那多半是推不下去的。这是我国的国情。更重要的是良好的生态环境是政府必须提供的基本公共服务之一，主导生态文明建设政府责无旁贷；生态环境问题具有一定的跨区域性甚至跨国界性，除了政府，任何个人或组织没有这种统筹协调力量；生态文明建设需要大量的资金投入和具有前瞻性的顶层制度设计，这对社会主义国家来说，也主要应当由政府来承担这个职责；我国总体上还处于"强国家、弱社会"状态，生态文明社会的成长还需要政府发挥特有的引导、培育和组织作用。

那么，我们政府在生态文明建设中的主导作用就体现在：政府是生态文明建设政策的顶层设计和决策者，是生态文明观念的倡导者和培育者，同时也是生态文明建设的组织者和监管者。生态文明建设需要发挥我们社会主义国家"集中力量办大事"的优越性和特性，"集中力量"就是政府要干的事情。

二、企业是生态文明建设的关键性力量

我国的工业企业是造成环境污染和生态破坏的"主力军"，自然也要担负起生态文明建设的主体责任。企业作为社会公民，对资源和环境的破坏负有不可推卸的责任，只有企业主动承担起"获利

于自然又还利于自然"的责任，坚持走绿色发展、循环发展、低碳发展之路，才能换来中华大地的绿水青山。

由于我国长期以来环境执法的乏力，企业破坏环境的责任总是得不到严厉追究，导致许多污染事件都是"企业污染，政府埋单"，这使企业很少能意识到自己的"主体责任"。在企业向绿色发展的转型过程中，往往也是靠政府来推进，政府成了主体。事实上，推动绿色发展的微观主体是企业，企业自觉推进才能使经济转型顺利进行。因此，明晰企业的主体地位十分重要。

让企业负起主体责任就必须狠抓制度的落实。我国日臻完善的生态文明制度体系对鼓励企业减排做出了许多很好的规定。比如资源有偿使用制度，你要消耗自然资源需要支付费用。比如损害赔偿制度，损害了环境、生态你得给受害方作出赔偿。比如碳交易，我国把联合国为应对气候变化、减少二氧化碳排放而设计的这种新型的国际贸易机制，应用到了国内的减排工作上，在控制总排放量的基础上，把二氧化碳排放权作为一种商品进行交易。碳交易就是要限制包括二氧化碳在内的温室气体的排放行为，如果一家企业排放二氧化碳超标了，那么对不起，如果不想关门和重罚，你就得购买排放权指标，买到了才有资格排放。这弥补了行政减排手段的失灵，激励了企业减排、节能的自愿性、主动性。只要把这些好的制度不打折扣地执行下去，企业的主体责任也就自然而然地担起来了。

最近，有两位北美学者发表调查研究显示，我国企业的环保绩效排名依次为：央企，外企，私企及其他国企。研究指出，央企和外企的环保表现来源于它们更先进的技术和更优秀的管理，与此形成鲜明对比的是，"小国企"最容易触犯环保规定。通过控制变量，研究者发现，企业规模越大，越会在环保技术上加大投入。另外，利润率越高的企业也更舍得在减排上投入。

我们乐意看到越来越多的企业自觉担负起保护生态环境的责任。良好的生态环境是人民的最大福利，保护生态环境就是企业最基本的伦理道德，也是企业对社会做出的最大公益。

本田是世界著名的汽车生产商之一。它的创始人本田宗一郎，把一个汽车修理铺发展成为一个跨国企业。他坚信"企业存在的价值在于对社会的贡献。""企业不应该只是优先考虑利润而忘记对社会的责任。如果做不到这一点，那就没有资格树立品牌。"20世纪90年代初期以来，本田在全球范围内都有环保参与。北京同仁堂，历代恪守"炮制虽繁必不敢省人工，品味虽贵必不敢减物力"的古训，使其产品享誉海内外。同仁堂的几百味成药中，虎骨药是以珍贵的虎骨为原料的。20世纪90年代以来，为了保护野生虎，同仁堂决定不再用虎骨入药，他们千方百计寻找替代虎骨的良药，终于发现了一种生活在海拔2800～4300米高寒草原上的动物——塞隆，它们终年生活在地下，却从来不得风湿病，当地人就用其骨头治风湿病，中科院西北高原生物研究所从塞隆干燥全骨中提取药物成分进行研究，1994年，终于成功研制开发出一类新药——塞隆风湿酒，达到了与虎骨同等的药效。实践表明，注重环保的企业更容易树立起好的社会形象，而人们更愿意优先购买有环境责任感的企业的产品。

三、群众是生态文明建设的基础性力量

建设生态文明社会需要依靠三大支柱，即政府推动、企业支持和公众参与。完全依赖政府管制是行不通的。我国和许多国家的实践都表明，在一些"政府失灵"的环境治理事件中，公众往往成为

实质性推进者。在环保部门"下不去手"的时候,只要有公众参与,便可形成"烟囱冒烟、人人喊打"的高压态势,促进问题的解决。因为生态环境的好坏与每一个人的生活息息相关,公众才是真正、直接的环境利害关系人,让公众做环境法制的主人,是监督、监管法律有效实施的重要保障。在全球来讲,公众参与已成为环境保护的必然趋势。我们利用公众的力量盯准每一个污染源,迫使企业遵守环境法规,改善环境质量。

为此,政府要做到以下几点:

一是要及时公开环境信息,保障公众对环境的知情权。让公众清楚地了解到区域内的企业排入环境中的有毒物质有哪些,企业做了哪些处理工作,有没有达标等,让公众可随时上网查询。

二是让公众广泛参与环境决策和环境影响评价。在参与中公众会获得更多的认知与体验。实践证明,公众参与环境决策事务越多,决策实施的顺利度和影响力也就越大。

三是鼓励非政府组织参与,推动环保。

环保领域的非政府组织(Non-Governmental Organizations, NGO)及环保志愿者,被称为"市场、政府和公众之外的一支重要的社会力量"。在解决环境问题的过程中,由于是第三方,非政府组织能够起到沟通各方的作用。对NGO不应限制,应该鼓励发展,他们的批评和建议也是对政府的一种民主监督。

我国的非政府组织自1978年开始起步,已经过38个春秋。中国的非政府组织在生态文明建设中已经开始发挥作用,但还很弱小。他们参与公共服务的领域受到限制,并且与政府的关系过于密切,缺乏自身的独立性。政府应主动把一些公共服务交给非政府组织去做,以便更好地服务于社会,并与非政府组织建立一定的协商对话机制，以便及时、有效地解决生态文明建设中急需解决的问题。

我国现有的非政府组织分为四大类：一是由政府部门发起成立的民间环保组织，如中国环境保护协会、野生动物保护协会、中华环保基金会、中国环境文化促进会等；二是由民间自发组成的民间环保组织，如自然之友和地球村；三是国际环保民间组织的驻华机构，如绿色和平组织、世界自然基金会等；四是学生环保社团及其联合体，但这一部分环保组织的影响力还不够大。

对政府来讲，不能简单地把公众参与理解为是在"配合"政府的环境管理，它意味着公众有为政府"出难题"、"提要求"的权利，有权利要求政府提供信息，有权利督促政府采取措施。这需要有法律的保障，更需要有一个民主、自由、开放和文明的社会环境。

转变并非易事，尤其是整个经济社会向生态文明的转变，更为艰难。但我们相信，巨变始于一点一滴的行动。在政府、企业、公众的共同努力下，扬起绿色、循环、低碳发展的风帆，我们终将走向生态文明。

水不知道边界

水不知道边界，沙尘暴不需要签证。生态危机的一大特点就是全球性。气候变化、臭氧层破坏、酸雨、海洋污染都是跨越国界的，不仅仅是某个国家或某个区域的问题。与此同时，一个国家或地区发生的环境问题，往往影响到其他国家和地区，酸雨随着大气的运动，能"旅行"到很远的地区。国际性河流的上游被污染，其全流域的国家都受影响。废气、废水甚至固体废弃物都可以从一国转移到另一国。地球上所有的污染物，大都是通过地质大循环向海洋聚集。还有些环境问题是属于某个国家或区域的，但影响的却是全人类的生存与发展，例如，亚马孙热带雨林的破坏，正加速着全球的气候变化。

环境问题的影响是全球性的，不以国家或意识形态为界，每个国家都无法置身事外。即使是一国内部的环境问题，也往往波及他国或采取跨国行动才能真正解决，国际组织和市民社会常常加入其中。因此，原有的封闭式生态文明建设思路必然被打破，在全球范围内构建起多层次环保合作机制是世界大趋势。

我国非常重视国际间的合作。自1972年参加人类环境会议以来，中国参与国际环境合作的程度不断加深。为推进国际合作，1992年，中国政府专门成立了中国环境与发展国际合作委员会（简称"国合会"）。国合会作为高级国际咨询机构，推动了中国参与国际环境合作的能力和水平。

一是以负责任大国的担当积极参与国际履约。在国际履约方面，中国已加入了《联合国气候变化框架公约》及其《京都议定书》、《关于消耗臭氧层物质的蒙特利尔议定书》、《关于在国际贸易中对某些危险化学品和农药采用事先知情同意程序的鹿特丹公约》、《关于持久性有机污染物的斯德哥尔摩公约》、《生物多样性公约》、《卡塔赫纳生物安全议定书》、《联合国防止荒漠化公约》等50多项国际条约，并认真履行其义务。

为与国际社会一起保护臭氧层，中国政府于1991年签署加入《蒙特利尔议定书》伦敦修正案，2003年加入议定书哥本哈根修正案，

2010年又加入了蒙特利尔修正案及北京修正案。在发达国家按照议定书要求淘汰主要消耗臭氧层物质之后,中国成为全球最大的消耗臭氧层物质生产国和使用国。

1991年,我国成立了由环境保护部牵头,18个部委参加的国家保护臭氧层领导小组。作为中国政府跨部门间的协调机构,国家保护臭氧层领导小组负责履行《维也纳公约》和《蒙特利尔议定书》,组织实施《中国逐步淘汰消耗臭氧层物质国家方案》。2000年,我国成立了由环境保护部、商务部和海关总署联合组成的国家消耗臭氧层物质进出口管理办公室,全面负责消耗臭氧层物质进出口管理事宜。保护臭氧层多边基金项目管理办公室(PMO)设在环境保护部,负责保护臭氧层多边基金项目的选择、准备、报批、实施、协调和监督等工作。截至目前,我国共获得8亿多美元多边基金赠款,在国际机构的协助下在18个行业开展替代活动,共淘汰了10万多吨消耗臭氧层物质生产和11万多吨消耗臭氧层物质消费。此外,中国制定了100多项保护臭氧层的政策法规和管理制度,积极开展各种形式的宣传、教育和培训,企业和公众保护臭氧层意识有了较大提高。经过努力,我国于2007年7月1日全面停止全氯氟烃和哈龙两类物质的生产和进口,提前两年半实现议定书规定的目标。2010年1月1日又实现了四氯化碳和甲基氯仿的全面淘汰,圆满完成议定书2010年淘汰全氯氟烃、哈龙、四氯化碳和甲基氯仿四种主要消耗臭氧层物质的历史性目标。2010年6月,国务院颁布实施《消耗臭氧层物质管理条例》,为中国保护臭氧层事业的长期发展提供了有力的法律保障。

二是开展多边合作。从20世纪90年代初始,世界银行(世行)、亚洲开发银行(亚行)、联合国环境署、联合国工业发展组织等国际组织以及部分私人机构就开始与中国开展环境保护领域的合作及提供援助。

三是双边合作。中国已经与42个国家先后签署了双边环境保护合作协议或谅解备忘录,与11个国家签署了核安全合作双边协定或谅解备忘录。在盐碱荒滩上崛起的生态之城——中新天津生态城就是中新两国政府继苏州工业园之后的第二个战略性项目、全球第一个国家间合作开发建设的生态城。2008年9月开建至今,双方通过密切合作,把理想中的"生态城"从概念变成了现实。

中国和意大利的合作始于2000年,原中国国家环保总局与意大利环境、领土与海洋部签署合作协议,共同启动了中意环保合作项目。十几年来,双方以示范项目建设、合作研究、环境保护能力建设等多种方式,在中国开展了100多个不同类型的合作项目,实施地区涉及了北京市、天津市、上海市、陕西省、宁夏回族自治区、青海省、安徽省、江苏省、湖南省、四川省等20多个省、市、自治区和直辖市。其间,中国引进了意大利的先进技术和管理理念,提高了环保系统的管理决策水平,促进了污染减排和生态保护工作发展,为加强我国环保能力建设提供了有力的支持。中意环保合作开始不是最早,但合作形式最切合双方国情,领域最为广泛,投资规模最大,成效最为显著,已经成为双边环保合作的典范。

中国与德国在环保立法领域的合作,与瑞典在饮用水保护、化学品等领域的合作,与澳大利亚在流域综合管理的合作等均取得不俗成效。

四是国际间的区域合作。比如,于1999年由三国环境部发起的中日韩环境部长会议。中、日、韩环境部长会议是为了落实中、日、韩三国首脑会议共识,探讨和解决共同面临的区域环境问题。会议每年召开一次,在三国轮流举行。作为东北亚地区主要的高层区域环境对话与合作机制之一，自建立以来产生了积极的影响与效果。三国环境部门已在环境教育、电子废弃物、中国西北部地区生态保护、环保产业、沙尘暴监测预警等多个领域开展了合作，取得了良好的效果。

从目前看，由于全球主义在解决问题方面的效率低下和滞后，区域合作显示出超越全球主义之势，成为21世纪最重要的国际合作方式。

区域主义兴起于第二次世界大战后，主要标志有法国、西德、意大利、比利时、荷兰及卢森堡发起成立的欧洲煤钢共同体（后演变为欧洲共同体），该组织成立的初衷是通过地区合作，重建战后经济，防止战争再度发生。在此期间，苏联及东欧社会主义国家成立了经济互助委员会，和西方进行抗衡。冷战结束后，和平与发展成为世界的潮流，区域一体化步伐加快，合作领域不断扩大，大量区域合作组织在此期间成立，包括亚太经济合作组织（APEC）等。进入21世纪后，世界贸易组织多哈谈判（WTO Doha Round）破裂，全球解决方案受阻，进一步刺激了区域合作的发展。区域经济一体化进入了黄金发展时期。这一时期，以区域贸易协定为代表的区域合作呈现爆发式增长。据世界贸易组织统计，截至目前，全球已经通报的区域贸易协定共有604个，其中生效的有398个。

区域合作的参与大部分是周边国家，具有高度的利益关联性，紧密的政治、经济、文化联系。环境已成为区域合作的一个热门议题。20世纪80～90年代以来的专门的环境合作有：东亚海协作体、西北太平洋行动计划、东亚酸雨网、东北亚次区域环境合作计划。有些是在经济合作或政治对话框架下的环境合作，比如：大湄公河次区域合作、大图们次区域合作倡议、亚太经合组织、上合组织、中日韩环境部长会议、东亚环境部长会议、亚欧环境部长会议等，此外，还有中非合作论坛、中阿、亚信、金砖等一些更宽泛的合作机制。

我国作为发展中国家，长期以来是环境国际合作的援助接受方，主要捐助方包括欧盟、日本和联合国系统。我国参与了一些地区组织和联合国牵头的环境合作项目。近年来，随着经济的发展，我国的区域环境合作正在从"输入"到"输出"转型。一方面，我国在环境领域与发展中国家保持了一定程度的南南合作，主要在能力建设方面向发展中国家提供支持，另一方面，我国的环境产品出品逐年增加，环境企业开始走出国门，到境外承包环境工程业务。我国参与区域环境合作的局面正在逐步打开，合作趋势日趋有利。在我国提出与周边和沿线国家共建"一带一路"的合作战略中，生态环保是其中一项重点合作内容。我国在与沿线国家加强贸易投资、资源开发、产能转移等方面的合作时，将大力借鉴国际机构和第三方国家的成功经验，努力消除经济合作中的环境隐患，充分发挥好环境保护在"一带一路"合作中的支撑保障作用。

全球生态危机是全人类的共同挑战，走向生态文明是我国和全球各国的共同目标。各国间唯有以政治互信为基石，消除分歧，坦诚相待，互相尊重，共担责任，优势互补，向着更加公平合理的方向发展，才能建立可持续的全球合作模式，也才能最大限度地共享合作成果，共建美好的地球家园。

参考文献

[1] 姜春云．拯救地球生物圈．新华出版社，2012．

[2] 吴军．文明之光．人民邮电出版社，2014．

[3] [美]威廉·房龙．人类的故事．南海出版公司，2014．

[4] 张岱年，程宜山．中国文化精神．北京大学出版社，2015．

[5] 左亚文，等．资源·环境·生态文明．武汉大学出版社，2014．

[6] 靳利华．生态文明视域下的制度路径研究．社会科学文献出版社，2014．

[7] 柴玲，包智明．中国社会环境学第一辑．中国社会科学出版社，2014．

[8] [美]安东尼·N. 彭纳．人类的足迹．电子工业出版社，2013．

[9] 温宪元，李莱德．走向21世纪的生态文明．中国社会科学出版社，2015．

[10] 中国文化学院．中国文化与生态文明．知识产权出版社，2015．

[11] 生态文明建设理论卷．学习出版社，2014．

[12] 肖显静．生态哲学读本．金城出版社，2014．

[13] 环保部宣教中心. 世界环境杂志, 2016 (1).

[14] 胡跃龙. 资源博弈. 中国发展出版社, 2015.

[15] 李妍. 资源战争. 山东大学出版社, 2014.

[16] [美] 阿尔·戈尔. 难以忽视的真相. 湖南科学出版社, 2007.

[17] 万端极, 李祝, 皮科武. 清洁生产理论与实践. 化学工业出版社, 2015.

[18] [美] 伍德罗·克罗克, 格兰特·库克. 绿色工业革命. 中国电力出版社, 2015.

[19] 环保部对外合作中心官网.